你的世界，不会一直与晴朗擦肩

崔慈芬 著

生活·讀書·新知三联书店 生活書店出版有限公司

图书在版编目（CIP）数据

你的世界，不会一直与晴朗擦肩 / 崔慈芬著. — 北京：生活书店出版有限公司，2015.4
ISBN 978-7-80768-085-7

Ⅰ. ①你… Ⅱ. ①崔… Ⅲ. ①人生哲学－通俗读物
Ⅳ. ① B821-49

中国版本图书馆 CIP 数据核字 (2015) 第 057441 号

策 划 人　李　娟
责任编辑　李　娟
装帧设计　申晓声
封面摄影　R. C
责任印制　常宁强
出版发行　生活書店出版有限公司
（北京市东城区美术馆东街22号）
邮　　编　100010
经　　销　新华书店
印　　刷　北京隆昌伟业印刷有限公司
版　　次　2015年4月北京第1版
2015年4月北京第1次印刷
开　　本　880毫米×1230毫米　1/32　印张7.25
字　　数　120千字
印　　数　0,0001-12,000册
定　　价　32.00元
（印装查询：010-64052066；邮购查询：010-84010542）

自序

谁要在车水马龙的高架桥旁边设办公室呀，那不会成天闹哄哄，搞得人心里烦躁吗？还说这是帮人做心理咨询的场所？我嘴里一边嘟囔着，一边陪着老友在夏日里挥汗走过了数个街区，终于挤进电梯上了楼。就在推开诊所玻璃门时，我全身的细胞不禁颤动了起来，仿佛死掉了的细胞全都活了过来。我眼前所见的是窗外一大片绿油油的树海，所谓“数大为美”，眼前景象着实令我震撼。我在窗前足足愣了十分钟，什么都不想，让我刹那间忘却了几分钟之前的尘嚣，也庆幸自己没有被途中恼人的纷扰打断了移动的脚步，否则就没有福气看见这令人心神开阔的美景了。

我真的庆幸自己能多走几步，有时，人生不就是这种“节奏”吗？多走几步，少走几步，人生境遇完全不同。有位朋友在参加完一次论坛后分享他最受益的一句话是：一件事没有尝试过七次，绝对不能放弃。不论你做事的惯性如何，不论几次才放弃，它都是你过日子的节奏。有时换个节奏过生活，换个习惯做人做事，人生的风景会截然不同。因为，你的世界不会一直与晴朗擦肩！

“所有相遇必有其非凡意义”，这句话我始终相信。我多走了几步多上了几层高度，我就在水泥钢筋密布的城市里听到了树海的呼吸。我们来到小河前，蹲下来把视线放低直到贴近水面时，河面会变得无限宽广，无限绵长。水流是水也是时间，如果把它视为时间，那么瞬间也可以变成永恒。

另一位朋友有天邀我参观他的办公室。我问：“换办公室了？”他答道：“没换，但请你来看风景。”事实上，我是抱着半信半疑的态度去的，因为我老早看过朋友的办公室，夹在众多大楼之间，哪来的风景呢？

但我错了！

办公室真的变出了风景，原本晦暗的空间现在显得无比明亮清朗，好似变魔术。朋友看出了我眼里的诧异，在一旁说：“崔，你记得吗？办公室后方这块空间一直被我拿来当仓库，因为我一直认为这道墙的背后一定是周围大楼最丑陋脏乱的地方，没有什么好风景。在把这里作为办公室十几年之后的某一天，我决定冒险把仓库的墙推倒，看看背后到底是什么？就在几槌之后，一丝耀眼的光线从细缝中透了过来，办公室所有的人都大为惊讶。工人加速推倒了墙壁之后，发现原来后方有几棵长得还挺不赖的树，这道新风景的出现，让原来的仓库变成了现在员工们休憩时最热门的去处，人看看树，也让树看看人。”

当天陪同我前去的儿子R.C抓住了那个瞬间，拍下了一张照片。我个人非常喜欢这张照片，首度把它放在封面。它是随性的，同时也是思想的。把陈年的障碍推倒排除之后，原本寂寞的绿树和阳光不再孤独了。当我们在生活上、工作上、感情上，感到无路可走或卡住时，我们都需要有一颗勇敢而好奇的心，以及温柔清晰的声音来告诉自己：“只要我们敢破墙，想改变，生活就会像种一棵树一样，静静地、慢慢地、坚持地往上伸展，往下扎根，展现出人生一道新的风景。”

希望读者朋友们看这本拙著时，能将我视为你的好朋友，我愿意和各位分享职场和生活上的每一个新创见。如很多人所说：“必须先喜欢一件事，才能把它做好。”但我个人反而要提出另一个想法："先把一件事做好，你可能会喜欢它。"这本书中呈现的许多新的观点供读者参考运用。

"职场、感情、生活"是所有人最想追求和最感困扰的。不慌，不急，希望您细细看完这本书之后，能感受到无比强大的正能量。相信我，你的世界不会一直与晴朗擦肩！

崔慈芬

目 录

上 篇

下 篇

上篇

让别人先赢

职场上若是听到这种抱怨简直叫人耳朵生茧：“工作几年后，发现自己仍然两手空空，毫无成就。唉，我真是时机不顺，怎么就遇不上贵人呢？”

大部分人只关心自己，对于身旁人的成就通常抱持着关我什么事的心态，这里要提醒大家：若你毫不关心他人的成就，只能说明自己的职场目光还太短浅。“双赢”是职场中高规格的目标，只不过你的手段不再是冲到最前面去抢占鳌头，而是换个心态，让自己姿容优雅，更重要的一点是要学习让别人先赢。

成就他人也成就自己

Jeff大学毕业十年就坐上总经理的宝座，进步算得上快捷，若向他取经，只有看似简单的四个字：帮助同事。这听起来是否太冠冕堂皇了点呢？

在习惯尔虞我诈的职场，“帮助”二字简直就是“不诚恳”、“不可置信”的代名词。可是Jeff这话不是虚的，两年前他刚刚升到中层，职位还算不上重要，却帮同事接了一个大案子。有人私下评论Jeff当时是不是脑子进水了，或者是太神准了，能预见未来，事先布下什么高深的棋局。其实事后证明他真的思想单纯，他真的当时只想帮助同事做成一件事。

他说：“好多人不了解自己，明明依靠自己的钻石能量能在职场畅行无阻，却偏要每天把最差的那面表现出来给别人看。”Jeef形容那位同事“个性谦虚反应又快，不过是一时运气不济没碰到大单子，随手帮他一把让他咸鱼翻身也是应该的”。

不论是生活上或职场上都要有看清别人的眼光。Jeff当时看到那位同事特别缺乏自信，除了帮那位同事牵线大客户之外，还对他说了几句很有能量的话：

1. 能带来200%能量的话——相信自己!

2. 鼓起越来越渺小勇气的话——你可以的!

3. 比护身符更有用的话——为你祈祷!

Jeff成就了同事，完全没考虑这桩案子可能让同事比自己更早升职。当时公司一堆人私下纷纷评论此事:“看起来Jeff真是傻，打滚十年还不懂职场哲学，怎么可以帮别人做业绩呢?”可不久之后，Jeef就接到了猎头公司的电话，原来正是那位同事向猎头推荐了他，让他有了坐上总经理位置的机会。成就别人的同时也在成就自己，先让自己成为伯乐，而后才有遇见伯乐的可能。

“伯乐”心态最管用的地方恐怕要数业务部门。年纪轻轻的Linda刚刚上任电视台广告部门主管，叫人忍不住猜度:她是怎样心狠手辣，才能在你争我抢的业务部杀出一条血路?实际情况却并非如此，Linda的八字箴言是:“找对位置，成就他人。”她说:“我知道你要跟我抢单，没关系，我不是针锋相对与你冲突，而是‘让你先赢，与你互动’。”市场景气时，每个业务员都来找她要最好的广告时段，Linda于是特意开会，她要大家各退一步，给他人一点空间，让每个业务员每个月都有得做，而不是饱一顿饿一顿。她特别强调面对工作竞争，不是一定要用伤害性或破坏性的行为才能活下去，“职场如战场”的铁律已经老套，大家应把版图扩大，让每个人都有得赚。怎么才叫版图扩大？看看同事或客户是不是经常会找你吃饭、敞开心扉聊聊工作问题就知道了。经济起伏总有时，职场上的真情分却是多少礼物都换不来的。

“泥鳅哲学”&“骑马哲学”

其实，伯乐精神有如骑马又如泥鳅。第一次骑马时，教练第一句就要求“节奏”，直起上半身，保持半蹲的状态，把马看得比自己重要，让它的节奏支配你，马儿上的时候你要跟着上，下的时候也要跟着下，如果方向相反，结果肯定很惨。骑马的道理跟职场生存也相通。职场永远在变化，每个人都得花脑筋想如何处理它，太要强的人往往只想让自己先出头，但态度太积极，给别人压迫感，自然讨人嫌。

有人则奉行“泥鳅哲学”，平时藏在泥土里，见到缝隙就钻进去，但钻出来时不一定是成就自己，而是同时看看能否替别人加分，让别人也有出头的机会。有人奉行“骑马哲学”，就是骑马时要把马看得比自己重要，我们工作时也可以把别人看得比自己重要。越来越多的老板喜欢用这种既能发现自己又能提升别人的员工，就好像一家公司会自行生长、开花结果，何劳老板再费许多劲呢？试想当老板对你如此放心，你离创造自己的职场价值还远吗？

大部分的人总认为要先找到伯乐，自己才有可能成为千里马。你还在成天喊着“我的伯乐在哪里”吗？似乎唯有伯乐才能给自己明确的方向，是吗？前提是，你自己是不是一位能经常鼓励和帮助他人的人，因为这也是成功的重要特质。

创造自己和团队都能加分的机会，也许不是当下就能得到回馈，但相信自己，释放出的正能量总有一天会回归。

为资深“除皱”

你对公司里的老人友善吗？虽然我们的社会渐渐进入老龄化社会，但一般人对老人并不友善。三成八的房东不肯把房子租给年纪大的人，唯恐老人在房里过世。一些产业甚至也不欢迎资深的人，导致一些35岁至40岁已经爬到主管位子的人自嘲是“业界老人”。虽说姜是老的辣，但有些国家已经出现“年龄歧视”现象。资深者再不看得远想得深，不仅产业里看不到你活跃的身影，甚至可能会中年失业。

被歧视的资深

一位外号叫“海绵”的高管告诉我，两三年前她公司里的几位资深者在职位上还有一点点选择权，但现在时局已大不同，某位资深的同事不仅不被礼遇，还被别人安排来安排去，搞得最后，积攒的那点尊严荡然无存。公司嫌资深者生产力不足，学新技能和适应变动的速度不仅慢，体力也下降，所以即使资深者身为高管也不见得可以坐得稳。

还有一次，“海绵”到香港开集团全球会议，会议共四天，第二天分区报告时，某区的高管很资深，说话口气非常大，直说自己部门年度训练的目标都达成了，于是“海绵”紧接在后做报告就觉得压力非常大，直觉相较之下自己一定很逊。但开完大会不到半个月，那位口气很大的区域资深主管突然被降调了，原因是她区域的总体业绩其实是下降的，就算她老资格，也保不住位子。可见，再资深的人也不能倚老卖老，否则结局就是让自己资深得很没尊严。

及时转换跑道

既然资深者得不到好处，那么干脆早点退休算了，这行得通吗？先不论个人经济情况如何，最近一个著名组织“国际助老会”刚呼吁企业主应尽量让老人继续留在职场。理由是此呼吁可改善经济，但最重要的是可减缓社会问题。

我好几回在英国搭出租车，都发现开车师傅一头白花花的头发，我客气地问原因，师傅们几乎一致回答：“没办法，年轻时的专业到了资深时居然变得没价值了，我为了家庭经济和个人身心健康，一定要继续留在职场，所以只好开出租车了。”听说英国一位最年长的出租车师傅以92岁高龄退休。在日本也经常碰到爷爷级的出租车师傅。

最近一位多年不见的老友再度和我碰面时已经职场大转弯，原本从事电子业的他因为竞争力不如人，被迫换到另一家公司，但换了东家薪资却少了三分之一，而且工作时间更长。他熬了三个月后深觉自己技不如人，也看出后浪推前浪的态势，最后下定决心转换跑道，换了一个让大家吓了一大跳的工作，他去受了三个月的训，当起医院照顾病人的看护工。虽然工作名称没有电子业来得花哨，但这份工作让他觉得没有被后进威胁的感觉，甚至觉得这是份很有未来又有意义的职业。

能吸水的“海绵”

“世代冲突”是职场“资深歧视”的关键。才气出众的年轻人急着出头，但公司碍于景气，无法创造出更多的主管位子来提拔人才时，耐不住性子的年轻人便会把矛头直指资深者，怪罪这些资深者霸占位子。

先前提到的朋友“海绵”的老板“讨厌老相”也“拒绝老化”，所以公司里基本上看不见上了年纪的员工，但“海绵”也替老板澄清，这未必是老板肤浅，企业追求百年，为了竞争与生存，当然要晋用“新世代”。说到底，有谁喜欢老气横秋的企业呢?

启用大量的新人俨然是许多行业的潮流，这一波洗礼可能会很无情地把一些资深者淘汰掉，资深者不得不防。“海绵”之所以被冠上“海绵”这个外号，就是同事们都认为她就像一个能吸水的海绵一样，常不断地吸收新的东西。

这是个不能忍受“皱纹”的年代，所以“海绵”加入了由一群跨业的中年资深者自行组成的PDA(Profession Demand Action)。首先，“海绵”感受到她在公司不受年轻同事的欢迎，这无关她的能力，而是她的老相，所以她下定决心改变造型让自己看起来年轻；结交比自己小十岁的朋友，让旁人明显看出她的不同；积极发展其他专才，来强化巩固自己的资深，希望能延长职场生命。“海绵”认识一位知名女明星，在与她分享“资深歧视”这一概念后，女明星意识到影视圈就是吃青春饭，谁想看鸡皮鹤发？所以她勤加运动养生，开始涉足幕后，以免老后要演凭吊青春的抑郁中年女人。

在几位资深者自行起哄组织的PDA之前，国际上已有所谓的ADA(Age Demand Action)，ADA要求社会给资深者机会，但个人认为其实资深者自己必须有所警惕。现在传统知识被网络上各种搜寻引擎取代，当高管的人已经明显失去了职场上最传统的智慧传承的角色。部分行业逐步呈现恐老、厌老、弃老的现象，这种趋势下，有些高管在公司里逐渐被打成“失去角色的角色”。因此，资深者需加把劲，以免面临年轻就胜、资深便是败的窘境。

经验之根开出希望之花

一帮劫匪抢劫成功之后，其中一位新加入的匪徒（拥有大学学位）兴冲冲地对老大说：“老大，今天真是令人兴奋，没想到可以抢到这么一大笔钱，这钱可是我一辈子都赚不来的。什么博士、超博士，我老早就对我父母亲说，我就算不考研也能有赚大钱的能力，没想到我真的这么快就做到了。老大，咱们赶紧来数数，看今天到底抢了多少钱？”

小学没毕业的老大不疾不徐地说：“亏你还念过大学，脑袋怎么这么不灵光，这么多钱，咱们要数到什么时候呀，今天晚上看一下电视新闻不就知道咱们到底抢了多少钱了吗？”

这则故事虽是当笑话来讲，但也是提醒大家，这正是很多老板和上司口中的“丰富的经验比漂亮的学历重要”。

丰富的经验价值百万

针对工作能力的一项调查显示，职场对30岁至40岁的人最期待的几项特质，分别是：

1. A person with ability plus flexibility should apply.（需要有能力及适应力强的人。）

2. Ability to work independently，mature and resourceful.（能够独立工作、思想成熟、应变能力强。）

3. Excellent ability of systematical management.（有极强的系统管理能力。）

4. A stable personality and high sense of responsibility are desirable.（个性稳重、具有高度责任感。）

5. Work well with a multi-cultural and diverse work force.（能够在不同文化背景下与不同类型的同侪一起出色完成工作。）

以上这几项特质属高难度吗？一定要高学历才能吃得开吗？其实一点也不！丰富的工作经验就能涵盖以上这几项能力。某位在电子产业工作的经理李先生，近两三年来感触非常深，他说时下年轻人里面有超过三成的人都以电子信息行业作为理想的职业。不过，真正吸引这些人的不完全是待遇，而是兴趣。这和几年前年轻人以高薪、发展作为职业选择标准的现象已经大异其趣。李先生笑说："真搞不懂是否现代人家里都有钱了，年轻人没啥经济压力，要不怎么公司拿工作稳定、高薪这几个条件都还不确定能留住人才呢？"

李先生对于自己团队的人才流动感到非常头疼，一天他和一名工作经验丰富的员工聊天之后，决定试试这名员工的建议。他邀请了一群治疗身心障碍的按摩师进驻厂内，时时待命为员工提供免费的按摩纾压。如此不仅嘉惠员工，也解决了按摩师的收入问题。此外，他还成立了全天专线的"员工关怀网"，让员工有任何急事（例如，加班无法接小孩放学），只要通过电话通报就能得到帮助。还有一项更令员工感动的是，只要有人请病假，第一时间就有医护人员关心并提供协助。李先生的这几项措施受到所有员工的欢迎，老板也首次夸他有创意。而这竟然是从别人那儿偷来的经验，所以，谁说经验不比学历值钱？

经验孕育希望之花

一个开书店的人为了救朋友，大胆承接一家出版社，身旁亲朋好友都担心他赔钱，结果他把出版社和小咖啡馆结合在一起，并且邀请专业盲人按摩师驻店服务，还让盲人的导盲犬就待在店里。许多小朋友纷纷吵着要家长带他们到店里和狗狗玩，这时店主人就趁机教育孩子如何尊重盲人和照顾导盲犬。这种把教育贯穿到生活中的方式获得邻居们和消费者的好评。

John近来在职场上遇到瓶颈，身处精品业的他觉得自己快被公司榨干了，本想辞职转业，公司一名经验丰富的经理为了替公司留住人才，向总经理提出让John暂时把销售额这些繁重的压力甩开，放John一个月的假期，让他自己选择三个品牌，走一趟欧美，去看看伦敦郊外的某栋老房子，看看老房子里的肖像画，逛逛博物馆。John就这样悠闲地过了一个月，再回到公司时，整个人焕然一新。商业社会里没有一成不变的规则，但是“记住你的根”是百年不变的道理。John去看那些老房子就是对历史的看重，任何品牌要往前走时，都必须往后看看过去的无形资产。正如那名经理对John说：“你现在把过去的历史看清楚了，可以有勇气再往前走了。”

不少人在职场上是没有品牌的香草冰激凌，为什么这么形容呢？就像市场上任何一家食品公司都有香草冰激凌，香草冰激凌变得很没有个性，变得谁都能做得出这一款冰激凌。有百分之七八十的人在学历、家境、能力、个性竞争力上都属于同一等级，没有太大差异。“缺乏差异性”的职场人就好像尝起来口感大致相同的香草冰激凌一样。缺乏差异性，就缺乏品牌性，会让职场失去购买你的欲望。

当大家纷纷掏钱花时间挤进去学收费不低的EMBA管理课程时，我倒是建议职场人：当大家还看不出你是什么品牌的职场人时，千万别急！不妨每天给自己布置一份功课，下班后利用短短五分钟回想：今天在职场上或办公室里看到或听到谁的经验是值得记录下来的？是值得哪天也派上用场的？并且把别人的经验按照思考、方法、管理、创意、沟通等方面来分类。这样分类的好处是帮助自己的“有样学样”更具逻辑性更有方向感。当你在每天的工作中习惯这样观察总结别人的经验时，你自己就在无形中做到了将过去和未来加以传承，并且开发了自己与时俱进的新鲜感。

每天留点时间做细节

有人说成功没有秘诀，只有两个词：坚持和谦虚。但我认为还要加上一个很重要的特质，那就是注意细节，特别是想当高管的人。世界上有三种东西是别人抢不走的，一是吃进肚里的东西；二是藏在心中的梦想；三是自我多年培养的好习惯。

注意细节就是职场人在求发展的过程中，应该培养起的好习惯，但它却经常被忽视。许多人觉得要想升官发财就要透过社交来梳理关系和人脉，但其实据更多老板反映，社交场合并非是拔擢人才的主战场，反倒是一个人平时在职场上是否注意细节，才是获得他们青睐的关键。

每天的辛苦 = 每年的财富

曾有一项问卷调查—— 30岁之后最希望的成功模式是什么？有超过一半的人表示：1.希望不必一直做不快乐的事情；2.不要让不快乐的工作成为一种宿命；3.最希望找到得以发挥专长的舞台。

对于那些觉得自己每天上班都压力沉重、痛不欲生者，或许想想下面这句话心里就会好过一些：每一天都很辛苦，可是每一年却越来越容易；每一天都觉得很容易，可是却觉得每一年过得越来越难。有位电信行业的主管如是形容他的奋斗史。

这位主管的职场前五年，每天都觉得很容易，但五年后位阶和年资不成正比。某天在一场演讲中听到“人到最后比的都是细节”这句话，突然让他茅塞顿开，他开始逐一审视自己的工作，并试着每天花十分钟时间想想自己在工作上还有哪些可以改善的空间，他认为虽然每天的职务不变，但人其实是可以有不同的精神和态度去做事的。经过了几个月的调整，他的价值虽然没有在当年年底的工作绩效中显现出来，但是来年他被推荐到了一个新单位。可能有些人会问他为何没有在原单位被提拔，其实，这里有所谓的“价值转移”之说。

同样一瓶矿泉水，在便利商店卖三元，但上了高档餐厅或星级酒店，可能价钱就要涨十倍，所以说一个人的价值是随时都会起变化的。放到刚刚这位职场人的身上得出的结论就是：一个人的价值往往取决于他所在的位置，当他培养起注意细节的好习惯之后，给人一种“你办事我放心”的强烈印象，就此职场打开了一扇窗，他的老板在他身上看见了以往不曾见过的风景，于是公司成立新单位需要一位足以担任开路先锋的重责大任者，第一个想到的就是他。

我还曾听过一位食品加工业的企业老总说，他从不过问主管级以上的员工“业绩做得怎么样了？跑了几个经销商？今年能不能达标？”这样的问题，但是他一定会看主管做事的细节和过程，因为他相信“一旦细节和过程对了，结果就会对”。这种管理方法让他的事业越做越顺手。

每天要留点时间给细节

我在这里要呼吁职场人重视一句话：每天要留点时间给细节。

包括我自己在内，刚步入职场的头几年，每天总是拼尽全力，得到的结果却不如预期。初期会怀疑是否自己能力有限，但慢慢地我发现，其实问题并非出在能力或专业上，而是自己没有每天留点时间梳理工作细节。

让我恍然大悟的是遇到这样一位铁板烧主厨，他在为顾客服务时，会利用空档时间与大家分享选购红酒、品尝干酪的学问，即使是路边小吃，他都能推荐哪家好吃。甚至在换碟的空档，他还能小露两手杂耍特技，把宾客逗得直呼这餐吃得实在太值了。

事后我了解到这位成功主厨把每天四分之三的时间留给餐饮，四分之一的时间留给细节。他每次品尝到美食时，会思考好吃的原因在哪里，观察面前的宾客可能喜欢听哪一种音乐，喜欢哪一种类型的旅游等等。他认为这些细节除了可以提升自己的文化品位之外，还能和客人产生更多的共鸣。有时他也会偷听客人之间的谈话内容，不光是偷听何时买卖股票，特别是听到客人遇到事业瓶颈时如何判断突破，他更是竖起耳朵全心学习。服务过无数大老板的他总结过一句话：“成功的人都是非常注重细节的人。”他自认自己的格局和气度可能永远没法和大老板相比，甚至和其他客人的工作成绩距离非常遥远，但是和店内其他铁板烧主厨相比，他相信只要自己重视细节，就会有出头的一天。

从主厨的例子来反思，如果你努力了三五年，工作依旧没起色，可能你不够努力；但努力了十年，如果还是一片惨淡，则代表你工作的DNA有问题。所谓工作的DNA决定了你的工作行为方式和成就。有些人的工作DNA是天分，有些人是努力，有些人则是重视细节。很多职业，往往需要的不是天分，需要的是足够重视细节。因此，每位职场人在反思自己的工作成绩时，不妨试着挖掘一下自己的工作DNA。找到了DNA，再加上重视细节，你就算现在工作很闷，仿佛活在阴沟里，也会有仰望星空的一天。

坚持做好一件事

现在职场上流行一种新的身份——“多任务族”，指的是一个人找很多份工作，借以增加收入。据私下观察，约有一成的人是多任务族。说到这儿，可能很多人认为兼个差有啥好大惊小怪的。其实，这里要提醒的是超过三成的人会因为兼职的时间过长而放弃寻求本职上的成长和成就，导致后半辈子都只能当一名“专业的多任务族”。这是好是坏呢？见仁见智。

有一位35岁还在公司干基层工作的人说，他在24岁时觉得工作和生活上遇到了高山，上司很苛刻，同事性情也不相投，他每天进公司就想闪躲，觉得这份薪资“食之无味，弃之可惜”，急躁的他经朋友介绍，开始当起了多任务族。能演能说的他私底下还做起婚礼主持人、串场歌手，靠着打杂工，他每月可以多赚一万多人民币，觉得自己比同事有本事。自此，他对于本职工作就意兴阑珊，勉强应付。十年转瞬即逝，婚礼主持、串场歌手这种活儿再也不来找他这张老脸了，他失去了多任务族的额外收入之后，回头一看身边的同事朋友，发现自己和他们的成绩已拉开了一大段距离。

专注是一种能力

想要在职场出人头地，有人认为首先是要让自己成为中性人，但我主张不论性别，职场人应该是想方设法让自己专注，培养看准方向的能力。有位女经理在升职为经理之前，一直被认为是位不认真工作，只喜欢玩手机的年轻人。但是她擅长行动和沟通，而且人缘特别好，于是出版公司就动起她的脑子，让她试试能否把死气沉沉的营销部门给活化起来。她就让同事开展一项“手机如何提高工作效率”的活动，成果不错，很快获得了上司的认可。这位看起来只会玩手机的女生，升职当天接受大家的祝贺时，开心地说："我把一件喜欢做的事给'做到底'，就对了。"在我看来，这位女经理是把一件喜欢的事情，做对，做好，属于一种自我印证的阶段，一旦自我印证阶段更臻成熟，事业成就也会更高。

有些人工作很认真，每日工作长达15小时，但却没有很好的效率和成绩。仔细了解后发现，多任务族常会产生一种"工作太繁杂，压力太大、时间不够用"的感觉，觉得本职工作不适合自己，想要逃跑，无法积极面对职场压力。一旦缺乏自我认定，一两年就会让自己失去竞争力。

辞世的台湾戏剧界艺术总监李国修，最为人所津津乐道的一句话就是——这辈子只求坚持做好一件事。他形容自己的剧场之路就是三件事——开门、上台、演戏。他的人生观来自他父亲说的一句话："人生只要做好一件事，就功德圆满了。"他的父亲是位制作京剧鞋子的师傅，李国修曾经嘲笑父亲一辈子做鞋子有什么出息？但他长大后才明白父亲正是靠这手艺才把他拉拔成人。于是他发扬家训，把剧场工作做了一辈子，在过世前留下许多精彩的剧本，留待后人演绎。

美国现任总统夫人米歇尔青睐的华裔服装设计师吴季刚，小时候曾被质疑过为什么男孩子喜欢洋娃娃、喜欢缝缝补补？但吴季刚就是将对美学的追求做到底做到好，终于扬名国际时尚圈。

Focus你的主业

职场人做事不能只做到坚持，还必须是Focus地坚持。多任务族容易让精华时间在一点一滴中浪费，我们何不一次专心面对一件工作，全心投入呢？多任务族就像职场的小转场或是更换角色扮演，但长时间忽略主业，会让成长停滞，会让自己在原地打转。有位IT公司老板曾批评现在的职场人热衷“终身学习”，到处上EMBA，却不专心自己手边的工作。他的话引来另一位大腕的有感而发：现在很多人标榜活到老，学到老，却没有学出任何一点专长来，这种情况很容易让人距离职场核心越来越远。大腕越讲越激动，说很多年轻人样样都要学，样样都要赚，一天到晚搞副业，会搞到将来样样都只懂皮毛，没有一项专长具有竞争力。

切记！有了出色的主业，才能让职场发展更上一层楼。其他的副业都只是一时的权宜之计，若副业发展得比主业更具潜力，就应该懂得及时做职场转换。任何的副业或第二专长都是为第一主业或专长来加分的，千万不要本末倒置。

别让妖精吞掉你的美梦

欧洲一份针对职场精英的报告显示，有越来越多的欧美人士（包括中国海归）想尽办法回自己的国内觅职。可能你会想，这跟自己有啥关系？但就在你完全不在意时，你的奶酪已经悄悄被搬走了。而奶酪被搬走的导火线，竟有一半以上的关键点并不在你的身上，而是你的上司被斗走了。

当上司被斗走时

有位高管最近就碰上这样的问题，她过去八年在公司内的绩效一直稳居榜首，自从直属上司被斗走，来了一位新面孔之后，她小心伺候这位新上司，五个月时间过去了，到了年底绩效考核时，这位新上司竟然给了她B⁻！她简直气坏了，但老实说她也没多少时间能发泄怒气，职场生死分秒必争，她担心万一年底之前她和新上司的关系还没建立好，她再拿一个B⁻，那么等同于宣布她要失业了，因为她的薪资福利并不低，没有一个公司愿意给一个连续两年都拿B⁻的高管翻身的机会。

过去我们总以为激烈竞争应该只出现在高科技、制造业等领域。事实上，优秀的人才跨国或跨地域的流动也非新鲜事了。因为在劳动条件和市场规模改变之后，任何行业都可能产生质变，很多产业会面临一夕翻盘的局面，再高超的科技都不能替代服务品质的差异化，所以很多公司都认识到“人”才是企业维持领先之核心。

人才到底是不是宝？公司比以前更没有耐性等待，也更不念旧。在人才无疆界流动的情形下，公司基本上已经改变了培养员工和聘雇的模式。过去大部分公司面对已不想再重用的员工时，通常会将他调离原岗位，给予一个职位，而后等待员工自行离职。但现在很多公司是直接将业绩设定到一个不可能达到的目标，然后以未达到业绩要求来辞退员工。但有些更狠的公司是以一封邮件就辞退员工了。就像前面提到的高管，即使她连续八年都拿A＋，但现在的企业风格是在正确的时间点找“正确”的人才，光凭几年的好绩效依然无法确保你的宝座。一旦你的上司被换掉了，就代表公司想要做两件事：一是创造新的商业机会；二是催生新的经济价值。而你进得去这个新的价值链吗？

《妖精的愿望》这本童话书中的大嘴妖精，专门在夜里偷吃小孩的美梦。小孩听到这故事都吓得号啕大哭，故事的结局是妖精终于改邪归正了。每个人都有个职场大梦，一旦老板换人做了，就好像美梦即将被妖精给吞了。可惜的是，在现实环境中，老板通常不会“改邪归正”。

前面提到的那位高管，她的新上司上任后带来新的部门经理，人事更迭后公司立刻就办了一场大活动，活动结束时，新的部门经理果然来找碴儿了。

新经理问高管:“你觉得这次活动办得好吗?”

高管:“不错喔,办得很不错。”

新经理:“对呀,我也觉得很不错,我底下这些人办事还可以。”

高管一听脸都绿了,差点气昏,新经理分明是来划分地盘的。新经理口中所谓“底下的人”其实一直以来都是高管一路带上来的,新经理到任不过两个月就来口头宣示主权了,其用意无非是:1.要高管别碰这些人,斩断高管在公司内部的利益共生网;2.要趁机打落水狗,削弱高管的影响力,逼使她节节败退。

知识库人才应运而生

目前全球人才市场竞争空间非常大,特别是国内,有分析人士指出:“国内的中级人才市场所占的比例两倍于高级人才市场。行政助理、文书这类的工作都会改成派遣式。”在这种趋势下,还在底层的人一定要尽快挤入中级市场,否则担任助理、文书工作、总机接待等的这些人很快就会被派遣的人给替代。中级人才市场竞争激烈，市场流动量也大，所以一定要把人才流动视为一种常态，否则你很难面对被异动之后的局面。

为了能随时应对因为人才流动而带给自己的冲击，你要把自己转型为一个知识库，接着才能确保：

1. 有机会比客户和新同事提早察觉问题；
2. 能及时响应需求，作出更佳的决策判断；
3. 能替新上司嗅出市场上珍贵的商业机会；

更重要的是，你能快速和新上司建立关系，获得信任，强化你的人才磁吸力，让新上司看到你在不利的情势下还能领导人才；还有一点很现实，那就是手上的年度计划必须能推展开来，否则年底看不见你的成绩，你的命运就岌岌可危了。如果你不小心应对，很快，职场命运必定是噩梦一场！

你的权益为何会睡着?

经常听别人说，在职场上要学会武装自己，否则很难进入职场胜利组。廖文玲是位从基层爬到高级主管而后自己创业的典范。由于她为人和善，因此有好几位老同事跟着她一起创业，而她也总是对员工强调，自己虽然与大家身份不同当上了老板，但是做人做事的态度绝对不会变，希望员工和她的互动依旧，不分你我。

文玲对专业经理人百分百授权、百分百信任，并且给予股份。当她的公司逐渐壮大受到国际大集团协议并购时，却遇上员工的股权争执，逼得文玲只得拿出现金买回所有的股份。正当她以为银货两讫拿回主导权时，员工们居然早一步把大半客户合约全抢走了。这一剧变让她走上诉讼，从此彻夜难眠。她反复思索是否因为自己的个性才招致今日的失败？这些对人性的质疑逐渐夺走了她脸上的阳光。

远离弱势表达

文玲想改变，但她不知从何着手，和她见过几次面之后，我发现她很容易让自己的权益睡着，光是说话这一项就常常损害自己的领导形象。例如，她常挂在嘴边对经理们说的话是——“我有好多话要说。”事实上，这表示缺乏轻重缓急。乔布斯（Steve Jobs）即使作十分钟的演讲，也只花三分钟讲重点，剩下的七分钟是重复重点。有不少老板并不喜欢PPT，因为PPT做得漂亮还不如脑袋里有重点。“我有好多话要说”就是一种弱势表达。

据统计，有超过六成的人就是在不知不觉中被自己的弱势语言削弱了影响力。弱势表达仿佛是“温水煮青蛙”，自己在无形中吃了闷亏都浑然不知。文玲就是在弱势表达下让员工觉得她是一位很没有主见的老板。那位背叛她的经理甚至这样形容文玲：She is not on the top of situation.（她总是不在状态。）

老实说，文玲与员工互动的方式没有改变，就好像容器没变，水的形状也就不会改变一样。我建议她短期内试试：改由用文字和员工沟通重要信息，减少口语上的弱势；尝试对员工说，以下对话超越你被授权的范围，但我选择现在告诉你；告诉那些摇摆不定的员工，现在你听我的，我可以把你的前途带到一个超越你想象的地方。

弱势表达的副作用

职场中，弱势表达的副作用常常超乎人们的想象：

1. 被主管、同事故意排挤、孤立占到四成；

2. 容易被主管、同事故意刁难、找麻烦；

3. 公司容易把你的表现呈报给人事部门，影响你往后的发展；

4. 美国有项“权重位不高的毁灭性”（The Destructive Nature of Power without Status）研究指出，办公室里喜欢玩弄权术的人并不一定是居高位的人，反倒是那些有些权力却非高权位的人会逼别人做贬低尊严的事。职场菜鸟会很快分出公司哪些人是可以欺负的，哪些是不好惹的。假如你弱势表达用多了，连新进的职场菜鸟都会看轻你；

5. 直接导致你的离职、换工作。

更糟糕的是，最常面对你的弱势表达的人中，60%是上司，20%是资深同事。换句话说，在办公室里最不应该得罪的人其实在不知不觉中都被你得罪了。更重要的是，这些被你得罪的人往往不会单独行动，有朝一日他们会结成派系，联合牺牲你的权益和生死。

通常任高职的人和大老板每一个季度见一次面，每一次的见面都至关重要，通常两次见面就攸关你的生死。你和老板碰面时千万别让弱势表达把你从高处拉下来！据调查，习惯使用弱势语言的人当中，仅有最多20%的人愿意积极调整自己的习惯解决问题。记住，你想要别人对你有不同的态度，那么你要做的不是要求别人改变，而是主动改变自己。与人交往、沟通的方式就是一种容器，容器没变，沟通的结果——水的形状就不会改变!

成就并不等于成长

有项调查数据表明，当不满意手边工作时，越来越多的人通常采取的手段不是业内跳槽，而是转业，特别是那些月均收入在5000元到6000元之间，以及原本行业属没落行业的人。

这些人在转业时通常会想两件事：一是想换个行业以达到功成名就；二是想达到自我实现和成长发展。调查发现，动机为后者的人工作表现会比较好，并且较具有服务热情。换句话说，如果一直抱着想多赚点钱升高位的想法转业，结果可能会和自己预想的满意度差距甚远，导致就业心情不佳，反而影响了日后的职场发展。

让梦想的动机成就你

很多人都认为激励自己或他人，最好的方法就是金钱或其他有偿的酬赏。不过也有人主张这是错误的做法，甚至直言这是大错特错。有位CEO说他之所以爬到高管这个位子，诱因并非收入有多高，而是他一直坚持自己的内在需求。他不让收入和名位来主导他的人生，而是让内在最原始的向往来主导自己的职业生涯和生活。有位名家说："每一个人的生命都是一件艺术品，为什么只有一幅画一首曲子才可以成为艺术？其实我们每个人的生命都是一件艺术品。"这句话让我联想起是否也可以把职场视为艺术的创作？几乎每个人一辈子都倾注全力在追求外在成就，例如物质或名声。但可惜的是成就并不等于成长，这就是时下许多30岁至40岁的职场人觉得终日惶惶、无所适从的原因。

前面提到的那位CEO从来不曾把"当一名CEO"作为奋

斗的目标，喜欢与人接触的他在换工作时，好几次对高位Say No，他说如果一份工作不能充分服务他人，那么他觉得工作起来反而没劲。在他的人生哲学里，服务是一种感动的力量，是一种艺术。有一回他曾语重心长地对我说：“动机是一种极单纯又有力的力量。”自己清楚梦想的动机是什么，才能做到自主专精目的。他认为自己之所以当上CEO，不是因为他的知识和学识，而是他对工作的态度能让人感动。

“感动”让你脱颖而出

某位从国外学习工业设计的才子进入一家大型设计公司，公司马上借重他的才气让他设计一款高龄者专用的手机。才子从专业角度出发，设计出了一款按键很大、字体超大、音量加大、机身又方便紧握的手机，这些功能能满足老花眼、重听老人的需求，公司认为这一款手机肯定会有极好的用户反馈。但在请几名老人试用之后，反应却是奇差无比，原因是设计者不了解老人内心深处的感动。

现在的老人不喜欢被称为“老人”，他们希望自己的后半段人生还是充满生气的，使用的物品不希望和“老”字联系在一起。老人们希望设计给他们的物品能让他们觉得有活力。于是这位才子赶紧重新设计，这次他把高深的技术抛开，设计的重点只有一个，那就是“让使用的人感到年轻”。果然，新产品的反应相当不错。

这位才子事后说：“看似最不赚钱的设计，其实最赚钱；一个看似赚钱的设计，却不见得赚得到钱。”那么我们是不是也能这样说：“感动”这个看似最不赚钱的动作，其实最赚钱；一个看似赚钱的动作，却不见得赚得到钱。

最新的市场艺术是赚到消费者的“感动”。我们不论转职或服务他人，都要围绕“感动”这两个字。杰出的音乐家李斯特就是一位时时追求感动的人。他的伟大不仅在于苦练演奏，他更追求包括文学、哲学、语言等方面的感动，这些感动都是他创作的素材。李斯特在追求感动的过程中逐步成为了自己想要成为的人。

职场人忙忙碌碌，爬得越高有时反而有失落感，怎么样才能使自己在更上一层楼时感到真正的满足呢？这实在不是件容易解答的事。如果你恰好属于“知识型”的人，要特别注意两点：换工作时的外在奖酬对你的激励可能没有你想象得大。一般认为白领追求的是感动，属于内在动机的驱动；而蓝领则特别重视与同事间的关系；人到最后比的都是细节，谁的细节最令人感动，谁就能脱颖而出。

改变视野，改变职场

台北的一位朋友每年都会为新年在哪里庆祝“倒计时”忙乎一阵，这几年他索性订上五星级饭店包房庆祝跨年。这位事业有成的朋友对我们特别好，不仅有美食招待，还特别费心地找寻能观赏到台北101新年倒数烟火最佳角度的包房。

在职场爬得特别快的他一直是同侪的标杆。看似凡事顺利的他最近聊天时却透出些许无奈。好不容易卸下武装的他终于说道：“我想帮大家找角度最好的包房看烟火，但似乎无论哪里都有观赏的死角，我的工作好像也碰到了死角，心里有点纠结。”听到好友这般说，再加上无意间看到他不曾轻易露出的倦怠感，我只好先安慰他：无论什么工作或位阶，在每个位置上都一定会遭遇视野上的限制，如果你想看到360度的全景，你一定要挪个脚步换个心态和视角。

换个心态看全景

有个故事这样说：有一个富翁得了绝症将不久于人世，他去请教一位隐居的名医。名医诊断后开了三帖药，叫他依续照做，一帖做完再用另一帖。

第一帖是：找一处沙滩，每天躺30分钟，连续两周。（富翁从来没有这么舒服过。）

第二帖是：在沙滩上找五只鱼虾或贝，将它们送回海里，连续两周。（富翁每次将小鱼虾丢回海里时，感动莫名。）

第三帖是：找一根树枝在沙滩上写下不快乐的事。每每快写完，海浪就会把那些字冲刷掉。（突然间他顿悟了，轻松了，不再怕死了。）

结果他多活了好几年。他的故事告诉大家要想想工作的三部曲：

A. 休息

B. 付出

C. 放下

这三种特质很抽象，但它经常在最后关头决定一个人能否出线，成功蜕变。像我那位想在同一个位子上看尽360度烟火美景的朋友，只要他的欲望没有尽头，就永远不会快乐。这种态度，每个人都知道很重要，但却很少有人把它当做功课认真学习。

改变视野，方能赢在职场

最近欧美有份针对20岁至25岁职场人的调查发现，近七成职场人认为“工作与生活的平衡”是他们最想实现的人生目标；选择“被认为成功的”只有两成。有趣的是，近五成职场人不理解“要生存就必须赢得竞争”，更有七成职场人无法认同“职场上面对权威和纪律必须要服从”。

全球婴儿潮是1945年至1965年之间出生的人，当时社会相对保守，主流价值是理性优于感性。但现在氛围大改变，社会主流价值是幸福学，成功的定义不全然是有形的财富或社会地位，而是被改写成个人主观感受的“心满足学”。所以有不少人批评年轻一代像草莓一样不禁捏，不够积极等等，老实说，我认为这是整个社会文化的氛围改变了，而非年轻人怠惰。

这里我要强调的是，不论你在目前的工作上是积极或消极，有一点非常重要，那就是视野(Vision)。某位老总曾说：“能力可以培养，但如果没有眼光，视野无法放远，那么你注定和升迁无缘。视野是国际人才的基本配备。”

在当今竞争激烈的全球市场中，人就像产品一样，生命周期日益缩短，顾客期望却不断提高。如果你已经是老旧的跑不动的CPU，那么就必须采取行动，迎接“双核心时代”。我们常见到这样的员工——绝不迟到早退，上班时也极少处理私事，尽管如此，效率和创意都奇差无比，就像使用多年的CPU，一个程序都要跑半天。这类职场人就很需要及时给他们新视野。

计划性地打开视角其实有很多种方法，人应该经常暴露在不同的环境下，接受多元冲击：

1. 职业生涯转换从本土到外商，外商再回本土——这样可以不断提高看问题的高度。

2. 提升对财务数字的掌握能力——有效执行和管理企业的营运活动。

3. 找不到北的人别慌——到底是先找工作还是先找自己？找不到北的人要先思考工作与自己的关系。

4. 找几本古书来看看，以古人为师，这也是培养视野的另一种心法。

我们每个人都有或多或少的职场包袱，不论是技不如人，人事不顺，还是合作不畅，这些不舒服的感觉和实际的障碍都是职场包袱，会随时神出鬼没地吞噬我们的职场能量，阻碍我们的生涯发展。我曾在某次演讲中提到，一个人在公司的自我升级可以“声望任务，创造任务”来努力。假设你认为目前工作室碍难行，可能不一定要靠跳槽这种手段，不妨试试从看事情的视角和心态来调整，给自己一个缓冲的时间或空间，或许也就一个月时间即可，你看别人以及别人看你，都会换上新的视野了。

用好“闲人”下属

我朋友十年前开了家培训公司，公司开张半年没一位客户上门。眼见倒闭在即，朋友索性利用最后几天跟几位员工聊聊天，准备宣布关门大吉。怎知这么一聊，反而聊出了新商机，最终扭转了公司命运。那位扮演关键角色的人，居然是我朋友平日完全看不上眼的员工。朋友甚至私底下叫这位员工“懒蚂蚁”。

那天“懒蚂蚁”见老板愁眉不展，终于张开金口对老板说：现在搞培训，得有几家大公司客户，否则很难撑下去。不如我们自己开创一个培训业的新类型——“创意培训”。现而今，大部分人培训是为了追逐财富，我们不如反向操作，拒绝当一名“经济动物”，开发培养诸如禅修、华山论剑之类的新的生活态度。

“懒蚂蚁”这番话，最后让朋友的公司起死回生，走出培训业的新格局。

留意你身边的“懒蚂蚁”

我朋友一直固执地认为，经营事业的成功要素一定是找最好的人才。但一直到了“懒蚂蚁”让她刮目相看的那天，才发现职场上一直存在忽视“懒蚂蚁”的情况。某所大学作了一项蚂蚁群的研究发现：

第一阶段：大部分蚂蚁都在勤劳地搬运食物，有少数蚂蚁却在一旁闲着，无所事事。

第二阶段：研究人员在懒蚂蚁身上做上标记，并且断绝所有蚂蚁的食物来源。这时发现，平日勤快的蚂蚁显得一筹莫展，懒蚂蚁们反而开始行动，带领大家转向平日早已侦察到的食物来源。

由此看来，懒蚂蚁平日看似闲着，但当大家不注意的时候，懒蚂蚁其实会“侦察”，说得好听一点就是，懒蚂蚁懒于杂事，但勤于动脑。

这种“懒蚂蚁效应”常见于家庭或职场上，例如家中总有人懒得做杂务；公司里总有人能默默留意观察市场，正所谓“当局者迷，旁观者清”。所以，公司里适当养一些“懒蚂蚁”，未必是件坏事。

谁最难容“懒蚂蚁”?

哪些人最不能容忍“懒蚂蚁”呢?

首先就是那些Horrible Bosses（苛刻的老板），在公司无情文化的氛围下，有些“吃香”的上司，可谓冷酷无情、完全不顾他人感受。有些“职场女王蜂”忙于操控权位，压抑其他女性员工，面对下属麻木不仁。据调查，有六成五以上的“懒蚂蚁”都不愿意得罪这类职场女王蜂，在工作上也不愿表现自己的喜怒哀乐。这样的女王蜂带来的坏处就是，在关键时刻“懒蚂蚁”无法发挥神奇作用。

其次是得意忘形的年轻人，他们对于公司里该退未退的资深员工（俗称老贼或闲人），大都持负面态度。其实“闲人”久不被重视之后就成“懒蚂蚁”了，“一杯清茶一支烟，一张报纸混半天”是一些闲人的真实写照。但实际上，有时闲人也有可咨询和救急的价值。曾有家机械型企业就是用了一批被同业认为该淘汰，但咨询价值高的“懒蚂蚁”们，而使得公司转亏为盈。

“懒蚂蚁”也能成大器

中国人说勤劳为成功之本，依我看来，“懒”未必不能成大器。我亲眼看过一位男士属于典型的“懒蚂蚁”，起初没人看好他的事业，但是几年下来，也没人能撼动他在公司的地位。因为，当所有人都在忙碌时，他总能静心思考市场变化并找到解决方案。他的老板称赞他这位“懒蚂蚁”总能跳出狭窄的视野。

我经常听到一种抱怨：“我们总经理根本不做事，但她（他）就是有升官的命。唉，老天真不公平！”其实，有不少管理者明显就属于“懒蚂蚁”型，动口不动手，但她（他）们具备了一般人所欠缺的视野和战略。现今竞争的关键是人才，对于无法成为“勤劳蚂蚁”的“懒蚂蚁”们，不能简单地视之为蠢才或庸才，必须给彼此一些时间观察。

如果你的周围正有“老贼”，你必须懂得判断。我们要尊重好的“老贼”；至于那些“上班捧一杯茶水，下班喝一顿酒水，外出捞一些油水”的闲人，则另当别论。从今起，不妨正面看待“懒蚂蚁”的存在，给他们一个正确的定位，就像曹操的用人哲学——并不求“全才”或“完人”。善于观察人才，善用人才，人才才能有用武之地！

谁能与“未来”共事

胶囊旅馆蔚为流行，小K在其中一家任职。某天下班后小K脸仍然臭臭的，大伙问他怎么回事，他叹了一口气说：“工作真辛苦，今天进来一位85岁的老先生，我把他服务得非常妥当，老先生一高兴，马上决定再留宿一星期。殊不知，下班前的业务检讨会上，总监居然对我留宿这位老先生有些意见，并且当场批评了我。我忍不下这口气，甘冒被辞退的风险跟上司理论了一番，上司给我的理由是，留宿年纪这么大的旅客对于旅馆来说有风险，万一年长者身体不适，旅馆要承担非常大的责任。没有一个旅馆乐意承担这种风险。”小K对于上司的顾虑，忍不住大声说：“不论是否生了孩子，或生了几个孩子，老人‘晚年独居’是一股不可挡的趋势，难道你们不知道吗？还是你们拒绝面对这个事实？”生了一晚上闷气的小K隔天就提出辞呈，理由是和公司“理念不合”！

“新世代”的工作习性

一份针对亚洲约25岁年轻职场人工作习性的调查发现，有不少在面试时表现不错的年轻人，实际工作一段时间之后都纷纷出现以下几个问题：

1. 做错事有诸多借口；
2. 工作问题懒得说；
3. 对上司指示回复慢；
4. 每日行踪不交代清楚；
5. 以理所当然的态度对抗上司；
6. 过度察言观色，与人互动不自然；

7. 独来独往；

8. 太率性，懒得在人前掩饰缺点；

9. 爱耍帅，喜欢秀几口外语；

10. 对公司内部的进修不积极。

请问各位，以上这几项属于工作能力范畴吗？老一辈的人可能认为这根本算不上工作能力方面的问题，顶多是工作态度，而且是人人必须具备的基本态度。有些研究“世代交替”议题的专家很苛刻地认为：“态度”对于年轻人来说已经属于一种“能力”，而且是奢求的能力。某位资深者说他如果想慢慢做某个项目，那么他就会要求自己把时程提前，如此一来即使慢慢做，也不会影响团队工作的进度。但这位资深者感叹说，像他一样具备这种观念的人是越来越少了。他公司里最近招进来的新人中，有些人的工作风格就是慢慢做，对同事或上司的回复也慢，总是延误总体进度。

一家企业主管说他在最近一场征才面试上遇到一位面试者，一进来就先变魔术，对所问的问题居然反问主考官说：

“那么你说呢？”“我看的××书，你们看过吗？”这位主管说他当下非常错愕，但还是耐住性子告诉这位年轻人：“你说的这几本书我恰巧都没看过，你是否认为我没资格面试你？”还有位经理说，他们公司里来了位年轻人，年轻人老是强调自己是有正义感的人，很重视程序沟通，因此经常挑战公司里的规定。

与年轻人共事的法宝

如果问：“你对新世代的年轻人有什么看法？”不少大公司的主管会异口同声地说：“有想法，但太多心存侥幸。”相反，我非常认同某位网络老板的话，他说：“现在的年轻人最不需要的就是说教。他们不仅聪明而且多元发展，拥有很多资深者所没有的优势和想象力，公司和资深者不要一再说教，而是应该鼓励和引导他们。”

先前提到的那家胶囊旅馆的老板，在经过那位离职员工的强势反应之后，改变了原本的规定，通告员工们今后一概欢迎年长者留宿，但一定要求年长者留下紧急联络人的电话信息，以备不时之需。平心而论，那位离职员工影响了公司政策，但也影响了公司气氛，他是非常典型的“懒得说”型。遇到这类型的年轻人就要特别留意他的理念，和他沟通。

还有一项针对“时下年轻人对于上司的看法”的调查发现，年轻人最重视的一点是“上司会不会带人”。那么在年轻人心中，上司该有什么带人的法宝呢?

调查发现年轻人最喜欢的是:

1. 上司赏罚分明，也就是废话少说，直接发奖金或扣薪水、假期。

2. 上司有责任安排一个友善的工作环境，公司里如果有一两位员工的存在给大家造成困扰，上司应该当机立断，请他走人，否则年轻员工会立刻质疑其领导力。

3. 除了梦想之外，就是真相。

资深者总喜欢以经验来告诉晚辈如何做，但现在的年轻人很有自己的想法，所谓“人之患，在好为人师”。

在此提醒担任主管者，若想在职场出人头地，得下对功夫，千万别以为往上做关系即可，更要重视往下拉关系。未来谁能和年轻人共事，能进行良好的沟通，谁就掌握了未来职场的升迁法则。

为你的事业微整形

有人说不工作就没有被爱的感觉。为什么呢？说这话的人坚持说："被爱、被人赞美、对周遭有贡献、被人所需要，以上这几点可以产生幸福感，但其中有三项必须靠着工作才能达到。"或许您不同意这样的论点，但我想，说这话的人肯定是强烈主张幸福感与其靠别人倒不如靠自己，也就是说靠工作体验到的幸福感，是一种特殊的人生价值。

许多人可能会说，工作有什么好幸福的？谈起工作就是"累"这个字，甚至更多人会以"无力感"来形容自己对工作的心态。其实，步入职场半年就有无力感是极为正常的事。为什么说半年呢？以往职场人大概拼搏个三五年，关于人事或工作专业等现实的无力感就会迎面袭来。但在这个普遍缺乏耐性、凡事讲求快速的时代，年轻人要专注在同一件工作上不是件容易的事，真的不必拿过去的经验值来苛责年轻人。所以我在这里要提出一个观念——为你的事业微整形。

土司的专业主义

某次到了东京，正想冲到东京有名的鱼市场大快朵颐吃生鱼片大餐时，当地的朋友却说什么也要拉着我去一家土司专卖店。他们菜单上的招牌就是——两片土司、三块干酪或奶油，果酱任选，搭配一杯咖啡或茶。“啊？就这样两片土司能让我朋友费尽唇舌强力说服我去，这到底是什么样的土司店呢？光凭这样就能赚钱？”是的，这家店只卖三种土司，其他没了。三种土司就能撑起一家店的营业？而且这土司套餐说不上便宜，得花上70元人民币。

没错！每天一大早，土司店外就排满了买外带土司的人群，还限制购买的数量呢。排队的人凡是拿到位子，仿佛中了乐透，迫不及待入内，享受那稀有的幸福感。这家土司好吃吗？大家可能质疑再普通不过的土司到底能有多好吃，能有多稀奇呢？

走过几趟日本的人大概都观察得到，再寻常不过的食物到了日本人手上也都能发展出极具特色的“专业主义”来——咖喱饭、拉面、蛋包饭、猪排饭等，各有各的门派。这家土司店令人兴奋的不只是那些标榜天然手工烘焙的诱因，他们除了土司的质量讲究到底之外，有趣的是让每个人到柜台选择自己所喜欢的烤土司机，将它抱到自己的桌上，待土司送来之后就开始进行最重要的仪式——亲手将那“高贵的”土司小心翼翼地送进烤土司机，众人的眼光一下子全都聚焦在那里，一秒钟也舍不得离开。琳琅满目的时尚烤土司机让人们对烤土司这件再简单不过的事情重新燃起了热情。

我们很多人每天的早餐都是应付的，但这家土司店要我们从选择土司、选择烤土司机、选择干酪，这每一项看起来小得不得了的步骤上学会善待我们自己。每一件小事仔细拆解来看，都是在唤起被我们疏忽的五感体验，特别是嗅觉。这就是把专业进行到底的“嗅觉营销”。是的，现在我的五感都挺想念那家土司专卖店的。

嗅觉营销

2014年伦敦放烟火，除了视觉、听觉的震撼之外，空气中还飘来一阵阵香甜的气味，据现场的人说有柳橙还有桃子的香味。原来是有两位仁兄走遍伦敦市场，找出了最具香甜气味的水果，再制造出水果香味的烟火，让大家能甜甜蜜蜜看烟火，于是伦敦的烟火飘出果香味也成了最好的城市营销。

运动品牌阿迪达斯的某些店面也加入香氛嗅觉的行列。有人说这种香氛能释放胜利的感觉，可以加强运动的动机和成就感。甚至美国某些和老百姓生活紧密相关的社福中心或是非营利组织都在近十个服务处导入这种创新的营销手法。他们企图创造一种令人心旷神怡的氛围，以延长消费者停留的时间。

这里再回头探讨日本那家土司专卖店，为什么产品的品项不多一些？只卖三种土司是否太有自信了呢？其实，这也是有讲究的。科学家发现在促销的应用上，单一香味比复方香味来得有效。单一香味的环境比复杂或无香味的环境多出近20%的营业额。这家土司店让消费者亲自烤土司，重点就在于让消费者亲自领受嗅觉体验，让土司单纯的小麦香味飘散在空气中，再进而植入消费者的记忆中。这招果然很有效，大部分到现场食用的人通常在离去之前会再买上几条土司带回家，因为消费者想在家里复制属于自己的五感体验。嗅觉是记忆和欲望的感觉。这家土司专卖店从制作、销售、服务、感官到形象，每一步都经过设计和“微整形”，深深抓住了消费者的心。

找出你自己的利基

亚洲的年轻职场人之中，有60%属于“穷忙族”，越忙越穷，越穷越忙。每天浪费很多力气和时间在无谓的事情上，每天纠结在琐事当中，无头苍蝇一般耽误了很多宝贵机会，像这样筋疲力尽的人无所不在。如果你不能换工作，那就得赶快换个想法，整形一下你的工作，就像土司专卖店把卖土司这件事给予整形，就能在看似平凡无奇的工作里找到“利基”（原本指的是法国人在盖房子时会在外墙凿一个洞来供奉圣母玛利亚，洞虽小但边界清晰，洞里有乾坤。后来被引述为大市场里的缝隙市场）。

1. 具有持续发展潜力；
2. 差异性大；
3. 行业里还没有统治者；
4. 手上具备能力和资源。

具备以上特点的行业都可发展出利基市场。例如，一些知名面包店使用人工香精制作面包，引起社会对食品安全的疑虑与不安。舌尖上的食品安全问题就是发展利基非常好的环境条件。

一位朋友的工作是每天下午5点钟陪小孩及小孩的妈妈到公园慢跑。小孩和母亲慢跑时她不需陪跑，只要在旁观察并提出意见。许多人知道她的工作内容之后均面露欣羡之情。她的工作职衔叫“亲子共学师”。这位朋友本科学的是音乐，但她嗅出商机，看到大人对亲子相处有质量要求，于是她特别设计了一套服务，并组成一个团队，现在抢着跑给她看的妈妈们大有人在，业务多得接不完。

你想有前途，但又不想换行业或辞职，也不想影响工作和生活，可以！那么不妨着手从微整形你的工作开始，从你原本的工作当中再升级，形塑工作的外形，加深工作的专业深度，找出你自己的利基。

你一定要做的事

有12年白领生涯、在大城市打拼的Brian，有一天突然递出辞呈决定放弃城市生活，归隐住进山里。那里水电都不方便，可Brian过得很快乐很有追求。在“归隐”前，Brian曾当过销售总监，年薪少说二三十万，经常到全国各地出差。Brian说在一线城市，背负着巨大的精神压力，令人无奈想逃，这是一种沉陷在经济高速发展中的精神荒漠，现在许多人都在找寻价值观相近的群体。

还有一位转进二线城市做房产的朋友叹气说，大家都以为房地产开发很暴利，但近来交易量减少，原本他们的销售团队就不是很强，现在更辛苦了。更烦的是，在一线城市主要是谈文案，但回到二线城市拼的全是喝酒的功夫，文案创意全退到一旁，能签到业务的人才是“somebody”。而且有时请款要以“年”来计，真是令人沮丧。到了30岁的年纪，这种挫败感实在很痛苦，所以他打算脱离这个圈子了。

到底在大城市发展，还是到小城市谋生？这个见仁见智的问题，主要反映出大家普遍存在的心理状态，试图找到一个释放生存压力的出口。只有找到最适合自己的，才能生活得更有信心。但如何做呢？虽然没有标准答案，但有件事一定要做，那就是为自己的未来发展注入活力。

为未来注入活力

步入而立之年的人处于工作中第二阶段的上升期，这时需要第二次定位。甚至有些人是在换了十几个工作之后才发现自己怎么还在原地打转。所谓的黄金时间就是价值再提升的关键时点。我遇到过不少人的职场困惑都在于转型好呢还是继续留在原先的领域内发展好？其实大家要想的无非是：是否沿着原有的轨迹向上发展是比较好的路线？是否可以站在过去的起跑线走进更好的公司、走上更高的平台？是否需要作一些相应的充电准备？

接着再思考以下三个问题：

A. 首先考虑自己的能力优势在哪里，能力倾向始终排第一。职业层次越高，以往的工作经验越重要。步入中高管理层更需要在经验的基础上积淀出领导能力。

B. 不能再盲从于兴趣。很多时候感兴趣的事不是最擅长的事，它可能无法在收入上带给你最好的回报，这一点一定要想清楚。

C. 鼓励自己冒险进取，开拓创新。

曾在公司核心外徘徊许多年不得其门的Peter极度想要爬到高层管理的位子，但不知道从什么地方切入。他有很强的行政能力和良好的教育背景，无论从学历还是资历来看，其实都已经站在一个较高的职业平台上，而且责任心很强，不过这几年他在工作上碰到瓶颈。有一天，他终于知道老板对他的微词是“缺乏市场敏锐度”。有位专业且热心的人士给他的建议就是：应该肯定自己的实力是能够再入职场与其他高层职场人士进行竞争的；可以大胆设立自己的职业目标。但是当下首先要解决的问题是“自我价值的再发现”。

如何再发现自我价值

“自我价值的再发现”如何做到呢？一回我巧遇Peter，当时我正在替某家慈善基金会募集人才，正遭遇职场困境的Peter随口就答应帮基金会开展会务。其实当时正值国内几个知名度颇高的基金会信用破产，募款变得异常困难，有实力捐款的大公司几乎都收手不愿捐款。Peter于是进行换位思考，他看出现代人心灵空虚，于是反其道而行，他不从募款上直接下手，而是先从募集志工开始。这些志工大都是职场白领，经过一段时间后，他发现许多志工不仅把家人带来了，也把上司老板都拉来帮忙了，大家在做善事的过程中找到了内心最单纯的感动，这股热度有极大的感染力，结果没过多久他们最头疼的慈善基金都解决了。这件事有一天传到了Peter的老板那儿，老板没料到Peter原来还有募款的本事，于是考虑把市场总监的位子交给Peter试试。看到Peter的例子，其实你会发现，有时候，你并非不是人才，只是欠缺舞台！

人才问题除了客观因素之外，还涉及主观心态。若是人都有积极向上的主观企图心与奋斗意志，则有比较大的机会可以成为有更大贡献的人才。相反，如果人缺乏冒险尝试的动能，则很有可能创业畏缩。这里的创业指的未必是自己当老板，像Peter一样在自己的工作生活上有一番创新局面也是创业的一种。有了主动心态，你才能找到新的舞台，继而才能再发现你的价值。

有时看到职场人痛苦地在工作上“埋头苦练”，其实不如在心态上先做到贯通观念。不论你打算在学历上完成更高层次的深造，还是保证自己的技术力量与市场要求同步，你都要把它视为一种价值的再发现。如果缺乏这种具有高度眼光的心态，你在职场上将难免遭遇此路不通的尴尬局面。

成功与辛苦并非孪生

成功是人生最大的陷阱！这句话来自一位被大家公认的最成功人士的口中。李董事长说，经过了几年的奋斗，现在终于事业成功了，但他却感觉“成功”两个字害了他。他表示自己当年年轻气盛时特别瞧不起享用长辈资源的人，现在回头想想，其实自己当年很笨，错失好几次事业发展的良机。如果人生能够重来，他不会这样固执，不会对别人提供的人脉资源一律“Say No”了，他强调，成功其实不一定要很辛苦，特别是现在的竞争比以往更激烈，时下的年轻人“实际”一点会比较容易成功。

HTC手机的创办人王雪红女士身为富二代（她的父亲王永庆先生曾几度蝉联台湾首富），她在媒体前大方承认当富二代其实是一件幸福的事，大家不必太刻意去隐瞒。富二代有很好的人生起点、创业基础，比起其他人的创业史，富二代的资源肯定丰富多了。所以说，成功不一定要吃苦，这番话来自非常深刻的人生体验。王雪红的品格够成熟，她能够正视并承认自己从父亲那儿传承下来的宝藏，更重要的是，她本身非常努力，再加上好的背景加持，她自己也几度挤进亚洲十大最成功富有的女性企业家行列。

年轻人对于成功的盲点

某天一位大牌律师在深夜发了微信给我，我以为是什么大消息。不想错过朋友的任何信息，我硬撑开眼皮瞄了一眼，定睛一看，发现大律师的苦恼是源于自家小孩找工作的问题。大律师这样说："我小孩有一个错误观念，把人脉和特权混淆，对于大人给予的人脉协助都视为特权，对特权特别反感。小孩认为唯有自己从基层做起，只靠自己，才叫成功，才是骄傲的历程，对于大人给予的资源和关系一概不接受。当父亲的我真不知如何帮小孩。”其实，这位爱子心切的大律师一点没错，而小孩也有立场，只是现在很多年轻人对于成功的含义存在盲点。

过去每个职场人职业生涯的分水岭大约在35岁左右，也就是说，35岁以后掌握要职就能让自己更上一层楼。但现在竞争越发激烈，这条年龄的分水岭已经往前移到30岁。所以，最好在进入30岁的初始就抢下重要任务，这样才能有表现，拉开和别人的竞争，在35岁决胜负，确定你未来的职业生涯规模。真正的大老板会建议职场人不必固执己见，如果有任何人脉资源能助你一臂之力，应该审慎考虑。

职场人不必自许清高

一家跨国公司的总经理把成功两字拆开来看——成（Accomplish），功（Effort）。一旦付出努力，不论成就如何，都是一种成功。在我看来，包括大律师的小孩在内的许多年轻人都存在以下盲点：

1. 成功并非属于哪些特定族群、特定职业。年轻人只要对工作投入，不论这份工作的资源或人脉是不是来自长辈或其他人，只要年轻人懂得珍惜机会和尊重人脉，你最终成就出来的成功都是名副其实的，你靠的不单单是运气，You deserve it!

2. 成功需要表现的机会。人脉和资源不能保证成功，但起码给了你表现的机会，让你凸显你的价值。一家人力中介公司调查发现，影响三四十岁职场人工作成就的关键之一就是缺乏表现的机会。有了表现的机会，才能让你有机会成长。

3. 成功的定义被混淆。只要你对工作够投入，得到肯定，不管是来自自己或是公司，这都是成功。老实说，现在职场竞争激烈，人脉和资源对于任何一个年龄段的职场人而言，都是可遇不可求的。所以，千万别过度排斥别人给你的橄榄枝。

4. 简单的工作也能成功，但不要寻找太难或太容易的工作，只有让自己随时处于接受挑战的状态，才能有所成长。有位电影导演30岁时发下豪语，要当一名自制自编自导自演的全才型电影工作者。问他哪儿来的志气？他说三十几岁的人千万别给自己太容易的工作。至于难的工作一定要去试，为的是给自己一个很大的目标，但是不要执着于结果，应当顺势而为，该发生的自然会发生。就是这种心态，如今的他自认为成长了，而外界则看到他成功了。

“成功”是个很主观的名词。20世纪80年代，成功的两大标准是银行的存款和在企业的地位，如今则是平衡的家庭生活。现代人不可或缺的是一种全方位的成就感，一种由内而外的满足感，包括找到一份能激发自己潜质的工作，而不仅仅是薪水高。很多人工作五年后就有异动之心，但此时应想想跳产业或跳专业，哪一项更能让你在成功的道路上平顺一点。成功不一定非得轰轰烈烈或壮烈惨胜，成功其实可以很轻松。当我们做任何事之前，不妨想想两个问题：我到底有多么想做这件事？我到底有多么在意这件事情的结果？这样你在成功面前，才能坦然且乐观以对。

谁能带好“年轻的鲶鱼”

小丹的老板上月招来一个年轻人，叫小丹好好带他。一个月下来，小丹快被这位年轻人给逼疯了。小丹交代去办的事项，年轻人几乎都答以：“你告诉我，为什么要这样做？”小丹皱着眉头说：“想当年，上司要我们做什么，我们一句也不敢反抗。现在的年轻人怎么这么难搞呢？”

另一家公关公司的经理也遇到同样的情形，公关经理艾为处理了一件棘手的事，他的客户遭遇消费者投诉，客户自知理亏，主张花钱了事和消费者达成和解。艾为要求部门里一位年轻人当晚留下加班以便随时应付媒体的需求，但年轻人反问经理：“今晚坐在办公室加班有必要吗？”当下动怒的经理说：“那么你就下班吧，明天也不必来了。”结果经理这句气话坏事了，那名年轻员工真的头也不回地走了，经理心情不好也回家了，办公室里没人留守，媒体找不到人回应。这个案例最后是客户摆平了消费者，但是媒体却不饶客户，仍旧死缠烂打，差一点损害了客户的品牌形象。

这两个案例里的年轻人都是懒惰虫吗？其实，他们是“鲶鱼”。

“年轻的鲶鱼”要这样用

北欧人捕沙丁鱼，由于沙丁鱼不爱动，返程又很远，沙丁鱼往往一到码头就死了，卖不了好价钱。只有一位渔夫的沙丁鱼总是活的，赚了很多钱。这个保守多年的秘密终于在渔夫死后被公开：他只不过在鱼槽里多放了一条鲶鱼而已。

鲶鱼天性会因为环境陌生而四处游动，沙丁鱼被刺激之后也跟着动，如此沙丁鱼便能活着回到港口了。职场里称它为

"鲶鱼效应"。特别是气氛沉闷、员工有惰性的企业，要经常放条"鲶鱼"把员工激活，唤起"沙丁鱼"的竞争意识和求胜之心。

国外有人提出"情境式"领导，也就是依据下属的成熟度高低，采取不同的领导方式。如果下属成熟度高，可采取"授权式"的领导。当下属属于低成熟度者，则采取"指导式"的领导。许多"年轻的鲶鱼"拥有高学历，上司该如何领导天之骄子呢?

1. 从"你听我说"改为"我听你说"。

2. 沟通的方式要实时和及时。沟通要更个人化、个性化。

3. 鲶鱼自尊心较强，成功的驱动力也强，需要及时被肯定。引导年轻人挑战下一个目标，让他们真正能活化企业。

4. 鲶鱼性急，没有耐性，上司对于每一项决策和指令，既要插手关心，又必须让下属有主动思考的机会。

5. 别忘了留10%"玩沙场"的时间，让他们自由发挥。让鲶鱼感到有趣好玩，每天能经历不同的事物。

为团队选择合适的“鲶鱼”

工作五年以上的人容易倚老卖老，企业有必要找“鲶鱼”加入团队，制造紧张气氛。不过，放“鲶鱼”时一定要注意：

A. 资深者一定要调整心态，别认为“鲶鱼”每次都是找麻烦，一旦这种找麻烦的误解降低了，对方帮忙的心就增加了。有些“大鲶鱼”被视为空降部队，他们的到来相当程度上会阻碍原员工的晋升机会，甚至是浇熄他们的工作热情。所以公司一定要增加员工间的沟通，让员工及时了解公司的想法，大家有了好的态度，才有良性的互动。

B. 如为了刺激活力，引进的新人在能力上就不能太弱，否则易引起原有员工的不满。引进的人得确认是“鲶鱼”。

C. 企业员工通常分三种：一是不可缺少的干才，约20%；二是勤劳人才，约60%；三是可有可无的蠢材，约20%。某家大公司为了增加前两类人，减少第三类人，于是找来一条不小的“鲶鱼”，放在公司的火车头部门（销售部）以起带动作用，结果非常成功。从此，这家公司连着几年找来一些思维敏捷、30岁左右的生力军来刺激原有的“沙丁鱼”。一度还找了一条超大的“鲶鱼”放在董事会里。还有一位机械公司的老板曾经找来一位患有亚斯伯格症(Asperger's syndrom)的人到公司当了半年的“鲶鱼”，这条“鲶鱼”特别专注在数字上，热爱机械，其对工作的热爱相当程度上影响了原来的办公室氛围。

你担心你的团队缺乏活力吗？不妨试试找条“鲶鱼”来。

三十几岁，如何赢在职场？

有位朋友30多岁了，薪资属于中上水平，她被我们称为“多动儿”。她的上一个东家是非常有发展的企业，明明大家看她的高管工作相当稳定，令人生羡，但她自己却怕这种重复性的工作会浪费时间，消耗热情，于是她又在家人的反对声中辞了工作。在她15年的职场生涯中，这到底是第十几次辞职呢？已经弄不清了。有一点可以肯定的是，她刚进入职场时的起步比同侪好多了，但经过几波职场大浪冲刷后，她原先的领先位置反而被其他同侪给超越了。

她为了改变现状孤注一掷，冒险投入一家新公司，半年中她的工作内容杂乱没有重心，老板称她是合作创业的伙伴，薪资没办法给多，但是半年下来公司一直未进入正式运营，于是她又失业了。这让她非常受挫，她抱怨为何自己的高管路走得如此艰辛。

不停转的陀螺

对于许多职场人而言，光靠努力是不够的。否则打工族恐怕会终生成为穷忙一族，特别是中高龄的人再就业的难度比以往提高了一些，有时必须想想自己的职场障碍是否来自于自己的心态。在职场里，心态就是一种让别人认识你的态度，无论身处何种情境，都应真实地评量自己，然后再有行动。

当我这位朋友骑驴找马，试图再去其他公司应征时，她总是不由自主地在简历和面试时抬高自己的身价，觉得自己经历丰富，见多识广，不肯在薪资待遇和工作职称上妥协，对合作的团队也挑剔再三。几年前她一度找到很满意的工作，当时注意到她聊起工作时每每亢奋不已，但我心里却忧虑她会弄巧成拙。果不其然，她努力进取，太急于表现自己，开会时迫切想让自己的想法派上用场，但积极的态度引来同事的敌意和上司的质疑，得来反效果。她很渴望得到领导及同事的承认和认可，自视甚高，当自己的想法和现实有落差时，就容易在挫折面前心理失衡。

某次她和同事聊天时发现自己是年龄最大的一位，周围都是二三十岁的年轻人，看到年轻同事们有说有笑，她感到自己被孤立了，敏感的她立刻很不开心，之后就离职了。

迫于生计，她不得不接受某一份条件不甚满意的工作时，又出现了内心抵触、低落、怀疑等情绪。她就像陀螺一样，心中的念头转个不停，成天骑驴找马，四处投递简历，搞得自己终日惶惶不安。像她这般做事方式，如果此时又有房子车子孩子要养，那么真是影响家庭经济甚巨。

心态决定前途

在职场上混，哪个因素最重要？有时不是能力，而是心态。能力可以帮你进入某一领域，但心态才能引领你进入某种高度，登上某个平台。想要在职场上如鱼得水，首先就要端正你的心态，职场无常，与不可抗争的环境硬碰硬，简直是和自己过不去。像我这位朋友，首先应该采取顺其自然的做法，先得到大家的认可，再一一证明自己的实力。就算是无法融入年轻同事或看不惯她们，也无须弄坏自己的心情，而把自己从高处拉到和她们同样的水平，千万要相信自己，努力提高自信心和宽容度。

我经常听到35岁以上的人感叹35岁是职场的一道门槛，一旦职场定位和核心竞争力不清晰，未来的方向就会迷茫。

所以，我建议大家在工作时最好时时总结一下经验教训，不要再像年轻时，做事一路盲目冲撞。再者，每个人性格不同，还是要尽可能考虑自己到底想过什么样的生活。有些人自我意识较弱，不了解自己的优势和不足，对周围环境也缺乏信任感和安全感，很难和同事建立起互信互动的关系，一旦有竞争或利益冲突时，很容易乱了脚步，其实这些都是心理落差惹的祸!再者，有些人进入中年后，最看重安全感，这一类型的人就特别需要一个相对平稳的平台积极做事。而有些人则是成就欲望强，可凭借着自己的核心优势和冒险精神四处冲撞，再试一把。

三十几岁的职场人要多多地用寻找差距迎头直上和学习用正当的方式宣泄情绪这两种方法，来时时匡正自己的职场心态。职场心态好，职场前途也就好。

最受欢迎的主管

职场人心目中最理想的主管需要具备什么样的条件呢？亚洲区的调查发现，最受欢迎的主管需具备以下三点：具备亲民风格；乐意和员工分红；能激励员工发挥自我。最难忍受的主管则是：做事情没规划；脾气不好，耐性不够。

大老板的脑袋会转弯

公司老板选主管，通常按照工作经历、专业技能和教育背景三项来找人。但有些老板的脑袋会转弯，会先想员工们最喜欢什么样的主管。这种老板的思维逻辑具有创新性，他们已经意识到对待员工的方式必须改变。

有位老板调查员工们最喜欢什么样的主管，结果排名第一的竟然是好奇心，其次才是幽默感、有组织能力、有担当、讲实际。老板针对好奇心这一项得出一个结论：下属认为很多公司的规定都过于僵化，如果主管有好奇心，那么就没有什么事物是绝对不能更改的，可以激励下属做新的尝试。另外，下属也认为一流的主管应该是一位永远的学习者，有想象力，这是员工和公司能够前进的关键。某家公司的HR在众多质疑声中刚聘用了一位学历平淡的人当主管，试用了三个月之后，大家终于都接受了。这位新主管就是有好奇心，对于工作相信有更好的结果，于是每天勤于调整流程，大家发现有了新主管，工作更有效率了。

未来需要这样的主管

国内有不少是家族企业，家族企业最被期待的主管要做到以下两点：要能突破家族企业经营格局，不断有所创新；不能让第二代年纪轻轻就进公司当主管，因为这些衔着金汤匙出生的年轻人很容易有未富先贵的心态，资深员工很难带他们。一旦发生人事冲突，对老员工并不公平。特别是一些家庭经济优渥的年轻人，三天两头参加精品聚会，还没开始存钱就大方花钱。资深者活在当下，而一些富二代是活在未来、享受当下。这些金钱价值观在两代人中间所产生的明显差异，将严重考验主管的智慧。

因此，某些家族企业的发展虽然很有前途，工作内容和福利也很有吸引力，但如果企业文化和第二代对外形象差，依旧无法吸引有抱负和优秀的人才。凡在有家族文化的企业做事的主管，必须尽量凸显两点：高度专业和正确领导。

有位集团老板说，他面试主管时，放在嘴边的口号一定就是："工作之目的不只是赚钱，而是为了家庭幸福。"他希望员工心里都能有一幅宏图——生活美好、家庭和乐。而他也尽量利用与员工分享利润以及让优秀员工认购公司股份来让员工稳定。他强调，即使公司应征一位基层工人，他都要求主管一定要重视，因为身为主管不能因事小人微就瞧不起人。就因为重视人，所以他严格要求主管在面试工人时要清楚表达他的信念，并说，面试这一关可能是一名新进员工见到主管的唯一机会，这种机会太难得了，一定要让新人在这一关就喜欢公司，喜欢主管。

另一位设计公司的主管附和表示，她也经常利用机会对员工表达：

1. 我会带领你到什么样的程度，主管要展现自己对事业有想法。主管有企图心，下属才会有朝气。一旦给了压力和教导之后，就采取目标管理，别过度干涉过程。

2. 我很重视职场伦理。要求有资历的下属“归零”或谦虚是件很难的事，不妨试试感恩的心。感恩是归零再出发的动力之一，能激发一位老鸟下属谦虚以对。

3. 避免下属有拍马屁的机会。绝对不去公司里任何一位下属的家中吃饭，如果去某人家吃饭，那么其他下属怎么办？

主管的领导特质改变ing

“ing”就是提醒大家这个改变正在进行中。所谓主管的领导特质，过去讲究按照优先级来看，最重要的是管理技巧，其次才是人际关系特质和个人特质。但时下有些企业反而更看重第三项个人特质。例如，某家医疗器材大厂从前找主管时格外看重管理技巧，后来觉得人际关系特质更有助于工作的推进，不过现在则认为主管的个人特质（创新、干练、老成、睿智）更符合时下需要。其实，主管领导是个领导特质群组的组合，哪种组合最适用，要看企业发展至哪一个阶段和当下的社会风气背景，绝对没有所谓最完美的主管类型。所以说，不管你是哪一种专长、哪一种领域、哪一种经历的人，其实人人都有机会成为一名主管，只要能成为被部属所认同的理想主管，那么你就无愧于这份工作的使命。

为“上班恐惧症”把脉

时机不好，工作难找，但是有些人却宁愿选择离职。这些人说他们自愿离职的原因是想在职场上追求更多自我价值的实现。不过再仔细了解之后，发现部分人是因为不喜欢眼前的工作。公司一旦有员工不喜欢自己的工作，这种负面的态度就会开始传染，影响团队整体气氛。

某家人力资源公司针对员工流动率做的调查显示：全球的上班族只有四成人觉得自己真的受到了上司的重视，其余六成的人若真的因为不被重视而不喜欢去上班，那么将近一半的人会因为不理想的工作意义而转换跑道。有位大老板不以为然地说:“那么我加薪，员工应该就Happy了吧?”

加薪未必就是解药。一位高管就反驳说:“只赚大钱，就过得快乐吗?”现在有越来越多的人不同意这样的标准，GDP不再是判断生活水平的唯一指标。国际知名的经济合作与发展组织(OECD)领先潮流，发表了名为“How's Life?”(生活质量)的跨国报告。发现职场人在两个问题上很困惑:对上班感到恐惧，对自己不被赏识感到灰心。所以为人主管者，必须时时观察你的员工到底喜不喜欢现在的工作。

“上班恐惧症”的背后

莉莉说一想起上班总浑身不自在。医生诊断说健康没问题，她不死心又看了精神科，医师也告诉她放心。周遭朋友笑她说:“你是得了上班恐惧症。”

莉莉反映出来的是职场人不能忽视的现象:

1. 无法调节好自己的心理；

2. 不清楚职业带来的意义；

3. 找不到适合自己的方向。

一项关于上班恐惧症的调查发现，职场人的痛苦指数高达67.19分，反映出有好多员工都不喜欢手边的工作。莉莉私下透露她不喜欢现在工作的原因是，公司规模变大之后，派系竞争非常激烈，办公室里每天上演权力争夺战。出身理工科的她很讨厌这些人事斗争，向公司反映又没效果。这种不喜欢工作的气氛是会传染的，莉莉强调这就是她的部门工作表现总无法提升的主因。

不被赏识是许多高管异动的主因。七到八成的人有跳槽经验，其中仅两成与领导无关。因此，基本上跳槽都是领导逼的。不被赏识者以往可能花两三年观察是否有机会翻身，现代人则耐不住冷宫，通常在不被赏识的来年一定采取行动走人。作为老板或上司一定要打破员工不被赏识的局面，从心领导，帮员工实现两件事：让他（她）做些有意义有价值的事情；让他（她）负责一些为世界带来些许改变的事情。例如，有好几家企业让员工每年登山、做环保、共同认养孤儿。在这活动中，员工会感到快乐。这种快乐、意义与承诺的给予满足了情感需求。

找回员工的热情

有人是为五斗米而工作，有人是为心中的热爱去做。鉴于劳工的不满已成为许多公司管理的新难题，某家公司CEO为了找回员工的工作热情，特别在内部管理上做了两件事：

1. 学习OECD设立了“Better Life Index”（美好生活指数）的互动工具，让员工每月上网针对十几项指标测试了解自己。一年后老板发现这可有效掌握员工的生活现况：资深员工重视环境和健康，年轻员工看重发展、工作与生活平衡。

2. 定期调查员工的生活满意度，包括通勤时间的长短——通勤时间越短，工作与生活越能平衡；与社会互动接触——代表员工的成长分享；和亲友联络的次数——代表员工的家庭价值观。一位高管就发现，新西兰籍的同事比咱中国人更有家庭观念。

调查发现，有七成的领导人因为缺乏和同事的人际互动而在职场上灰头土脸，导致下属丧失工作热情。成为一位有互动的上司，需要：

1. 不吝表现激赏之情——亲口赞赏员工，每个人都需要知道自己的付出不是徒劳无功。

2. 理解不同世代的需求——了解每个世代的需求，才能创造一个有联结有朝气的工作环境。

有家大企业刚搬新家，员工们都对办公室一角吊了小孩玩儿的秋千感到好奇。老板解释说："年轻人比较冲，年长者又太含蓄，我每天都会去荡秋千，凡是想跟我聊聊的人，都可以跟我一起边荡边聊。"

成为一位有互动的上司能帮助员工：Have a plan.（更有计划地工作。）Have skills.（掌握更多技能。）Know themselves.（认识他们自己。）Know smart people.（发现人才。）如此一来，你的员工怎能不喜欢工作呢？

如何投资你的未来

我曾应邀对一群IT界的秘书演讲，外界可能认为秘书们只对人际关系和择偶问题感到烦恼。但我发现她们真正的困扰是：“我这辈子真的只能替人打工吗？我有没有由打工变当家的本事？”

其中一位秘书说：“我父亲跟我说人的一生只有三次成功的机会，第一次是含着金汤匙出生；第二次是找个豪门婚姻；第三次是职场上遇到好老板。我的第一次和第二次机会都很一般，我现在只能盼望着第三次了。”

我认识好几位曾当过秘书或助理，之后摇身一变成为老板的人。虽然她们总谦称是自己运气好，碰到了好老板，但我却从她们身上找到几招由打工变当家的法宝。我认为，即使从没想过要当家的职场人也都应找机会训练自己能独当一面的能力。而近身观察老板和让老板心甘情愿给你机会，就是一种帮助你成功的秘诀。

学会复制他人的本领

某国际精品大中华总经理Jenny，原本只是一位小秘书。Jenny说她会做生意完全是从老板那儿学来的。她老板的鼻子特别灵，永远比别人早一步知道哪里有钱赚。鼻子真那么灵吗？其实，关键在于谁早一步掌握赚钱信息。

Jenny观察到她老板无论什么场合，都特别在意照顾到周围人的情绪反应。当一名周到的人这一点让别人特别愿意帮忙，总给她老板第一手消息，让她能早一步掌握市场机会。Jenny于是展开一项“复制”老板的计划。她私下利用朋友聚会的场合开始训练自己，仔细照顾每个人的情绪反应。每次聚会结束后，她记下三件事：第一，自己被邀请下次再度聚会的概率有多高；第二，聚会中是否获知一些商场重要信息；第三，被别人咨询的次数多不多。Jenny以这三点来判断自己是否在信息链中。

有次她得知一国外寝具品牌正寻找中国代理商，嗅到钱的Jenny万万没想到当她向老板汇报此信息时，老板竟然对她说："这样吧，这个新商机，我不当你的老板了，我投资你，让你独当一面。"顺利走上创业之路的Jenny现在手上已经不止一个品牌了。

不对麻烦让步

另一位翻身成功的老板分享了这样一个真实的故事：年轻时这位老板看到某家大公司在招聘，面试之后知道僧多粥少，机会渺茫。但有一天居然被通知去上班。原因是：优先被录取的第一名，上工一周就辞职了；第二位备选的人勉强待了十天；……第九位隔周就消失了。成了第十位被通知的他出乎办公室意料地竟然待了下来，而且颇受上司赏识。有一天人事老实告诉他，这份工作的前一任在离职时留下了一些问题，导致接手的人等同于接下烫手山芋，造成许多新人嫌太麻烦而离职。但他和别人不同，他知道如果将来想独当一面，就必须做到不怕麻烦。几年后他终于自行创业了，他接手了一家快倒闭的公司，不对麻烦让步的他耐心整理呆账，经过两年亏损，不久前终于开始有盈余了。他说，自己招聘员工的条件也必须是不怕麻烦，而时下年轻人特别缺乏这一点耐性。

不要自我设限

老板、贵人通常不是求来的，而是自己经营出来的。很多老板眼光精准，能够判断哪些员工有前途。前途的基础未必就是学经历。有位资深职业分析师说，科技快速改变生活习惯，人们需要更智能的产品，所以不设限的脑袋是未来最值钱的脑袋。

日本一名家庭主妇很怕出门，原因是带小孩出门采购，必须一边推着婴儿车，一边提着沉重的购物袋，还得寻找最近最方便的地铁出站口，一旦出错站就惨了，加之日本出租车又贵，这些琐事令她十分头疼。一天，她和其他年轻妈妈聊天，发现这是大家共同的困扰，于是她决定要当一名头脑不设限的家庭主妇。她踏遍所有地铁出口，记录下所有出口附近的主要建筑物。例如，哪个出口出去能够最快找到市场、杂货店等。当这项超级任务结束时，她出书了。书籍大受欢迎，被视为家庭主妇的救星。所谓好事成双，日本地铁公司购买了她的版权，让她赚进大把的版税，快速致富。

美国康宁餐具(Corningware)是个很老的牌子，早期到美国留学的人最喜欢康宁的餐具，既可微波，又摔不坏。不设限的脑袋让康宁的未来牵动着所有人的未来。前段网络上一部名为《A day made of glass》(《未来科技的一天》)的短片爆红。短片中，早晨人们在浴室里照镜子刷牙时，镜面上提醒你一天的行程；镜面上轻轻手指一滑，你就能收发邮件和短信；镜面上还能看到自己衣橱里各种服装搭配的效果。康宁产品在厨房里、车上等生活的各个角落更是神奇。强力推荐大家看这部短片，因为Future of glass is your future of life(镜子的未来就是你生活的未来)。这部短片提示我们，只要脑袋不设限，生活就能不设限。

咱们中国的餐厅，厨师基本上都是永远待在厨房里，但国外的大厨总会到客人面前寒暄一番。有位做中国菜的厨师有一天也停下脚步，走到客人面前与之聊上几句。不设限的心态培养了他沟通协调的能力，如今他已经从厨房走到了管理阶层，替餐饮集团管理数十家餐厅。

建议职场人从今天起不要设限自己的职场发展，在老板面前起码做到最基本的“三不要”和“三要”。

“三不要”：

1. 不要自己设限；

2. 不要当知识的穷人；

3. 老板在，永远不抢风头。

“三要”：

1. 要了解即使老板和你称兄道弟，自己也要永远定位在“过客”上，以免过度膨胀自我；

2. 利用老板的关系，拓展自己的人脉网络；

3. 发掘自己的潜价值，仔细想想自己最常被赞美的特质是什么？

不论你此时的年纪大小和位阶高低，只要能让老板看见你的未来，投资你的未来，就等于给了你一张成功的入场券。

职场暗示效应

我从南京签书会回来，发现职场女性最最纠结的，仍是压力问题。但我从众多面孔中观察到，有些人的压力，是从周遭或自己的暗示效应来的，而非真的有千斤重的压力排山倒海而来。我的学生当中，也有不少人还没踏入职场，就先被这样的氛围搞得浑身没劲。这让我不得不高喊：压力止于智者！

“暗示”是人类最原始、最典型的一种情感反射，它其实就像一把双刃剑，可以提升一个人，也可以摧毁一个人，主要看接受暗示的个人如何看待暗示。一些老人家常说“我活得真没劲”，这种话不单是为了引起旁人的注意，更严重的是老人自己开始自怨自艾，并给他人带来负面影响。时下很多30岁左右的职场人长期处在负面自我暗示的阴影下却浑然不知：有人经常抱怨同事难搞，这种心理暗示久了，你就更加不想改善办公室关系；有人感叹自己怀才不遇，日子久了，自己在上司面前更提不起劲来表现。

巧用职场暗示

职场上，一定要认真对待同事、上司和你之间的各种语言暗示、行为暗示、信誉暗示。暗示代表一个人的企图心。之前提到我的朋友马文玲被员工背叛而遭受重大打击的事，后来她回想起那名职业经理人平日就有一些背叛的暗示，只怪她从来没有正面回应过。例如：

1. 抢夺公司资源，假传圣旨；
2. 公众场合抢风头，有时让老板难堪；

3. 工作绩效明显落后；

4. 在员工面前批评老板；

5. 放风声有人挖墙脚；

6. 不断抱怨被公司亏待。

员工发出这样的暗示，上司要正视。如果上司正是那种会正面响应员工暗示的人，那么员工要好好把握机会，暗示自己的能力和企图。但进行暗示时要注意：一是可以让自己有下台阶的回旋余地；其次，别让对方面子上过不去；三是让对方心情上大受鼓励。

借“安泰效应”东山再起

古希腊神话里有一个叫“安泰”的大力士，他力大无比，但有一个致命点，那就是他不能离开大地，否则不堪一击。对手得知秘密后，用计让他离开大地，在空中把他杀了。职场上凡是脱离一个平台或条件就发挥不了能力的现象，就叫做“安泰效应”。

前面提到的文玲，公司差点瓦解。至于那位背叛的经理人换了舞台后，在业界表现也不突出。文玲面对二次创业的压力，她以“暗示作用”和“安泰效应”这两项智慧加强管理。暗示作用方面，她分析自己属于“爱说却不做”一型，所以要求下属要快速落实工作。她也暗示员工，一旦她事必躬亲时，下属必须懂得变身为参谋，提供信息和判断。安泰效应方面，她让员工了解到每个人是一株小草，离开大地，便会枯萎，员工必须认同老板的信念与价值观，相信公司是一块能让自己茁壮、实现理想的肥沃大地。

一个位子要待多久？

问：How long will you last at your job？（你这份工作会待多久？）

答：Probably another few months.（可能再待几个月。）

被问的这位女士已经在同一家公司待了三年。“这份工作要做多久？”——这句话每天在她耳朵旁回旋不已。虽然她不动如山，但“三年”这个数字却让她对工作愈来愈缺乏斗志。她想起同样的情形发生在其他人身上时，自己曾讥笑别人胆子小，现在她觉得这是一种宿命轮回。

有人说同一份工作做三年，属职场天险，再不走就不太妙了。在日本，工作讲究稳定，但三年内离职的也有三成，其中50%的人更是潇洒裸辞，有趣的是即使失业率高，高离职率也没有下降。有专家指出两个现象：放眼亚洲，三年一定离职已经成为职场常态，超过三成的人工作越换越糟。所以专家建议：职场人最好一份工作做满三年，目的是培养成功的基础；专家还强调，若想成为某个领域的霸主，最好给自己六到八年时间冲刺，以扩大自己成长的角度。

人过了30岁要尽可能拉大成长角度，当下工作再得意，也会充满困惑、苦恼。想想，有时工作不顺利，障碍不在专业能力，而在于“Vision”。所谓魔鬼就藏在细节里，现在的专业比过去更讲求深度和广度。例如，你卖面包，必须教育大众认识何谓天然酵母、石臼粉，消费者才愿意追捧高价面包。前几天神探李昌钰应企业界就“成长、转型、升级”课题进行一场演讲，有人问企业界和神探有什么关系？台下老板说，李博士从一介警察转型到美国主持鉴定实验室，再升级到成为国际知名专家，李博士的经历告诉了职场人：想练就一身功夫，平均至少需花六到八年的时间，努力扩大自己成长的角度。

大家千万别误以为六到八年是待在同一个岗位上，所谓六到八年指的是选择一家好企业或好领域，在不同部门间轮调，学习不同技能，积累人脉，训练决策。

高阶人才流失严重，你能递补上去吗？

企业在人才需求上出现非常两极的现象，一是高阶人才外流，二是缺乏基层技术人力。每位职场人都应思考，如果高阶人才出缺时，你有能力递补上去吗？所谓滚石不生苔，你过去的六到八年间，是否练就了胜任不同部门业务的功夫。建议你将六到八年时间分为三阶段成长：

第一阶段两年：把专业学好。

第二阶段二到三年：不论专业为何，都值得试试业务部门。业务部门能转换你的眼光，让你从新的角度学习判断、观察、谈判，了解顾客需求。

第三阶段二到三年：转到营销创意部门或管理职位，提升自己掌握全局的眼光。

某家机械制造公司的副总说："人要循序渐进，任何工作都有意义，什么职位都要做，才有机会往上升。"他就是在不同部门间历练了很久的实例。这位副总还说了两句重要的话："企业主比过去更了解人才是必须通过培养得来的。很多专业人才容易陷入工作瓶颈，所以专业人才要利用不同位置来自我升级，否则很容易进入冰河期。"

如何度过职业生涯的冰河期

职场人到了30岁左右，凡工作或感情不上不下的，觉得有哪里卡住了，让人上不去的，被称为生涯冰河期。冰河期的现象是：工作量大——健康和家庭成为牺牲品，适婚年龄还未婚或者不敢生小孩；手中饭碗随时可能砸掉——有些企业故意以调动之名行资遣之实，变相逼退员工，此时资历沦为负资产；公司讲求年轻化——喜欢用新鲜人，资深者压力大。

凡是走到冰河期，外头又没有好机会时，不妨在内部尝试不同的工作。有位女性金融界高管就是走这样的道路，她的理论是，如此做可以让人有“建立文化”的时间。这一点对于想成为高管的人至关重要。

带团队，最难的是遇到跨领域的问题时可能反映出你是个门外汉。但有了文化，团队就不难带了。在一个位子上待六到八年可以让你有时间观察，建立规则，学习如何激励不同工作岗位的人，让同事知道跟着你做是会成功的。慢慢地，属于你的原则和做事文化就建立起来了。

大多数人在职场上都会经历失败，只是损失多少以及你有没有下一个机会。一旦文化建立起来，就可以让你有学习失败、明日再战的机会。相反，一个人的基本功还不扎实就急着找高薪跳槽，一旦失败了，新老板根本没有耐性了解你的做事文化，马上现实地请你走路。

老实说，居高位的人做决策的最后关键，往往靠的是直觉。但直觉需要很多的经验。他们每天要做许多大大小小的决定，这些没有时间的萃炼是办不到的。七成的雇主都希望员工对于额外的工作能持灵活的态度。六成雇主希望员工较能接受改变。

三十几岁的人经常觉得职业生涯上有个结好像过不去，对于工作经常有无力感和迷惑感。其实，不管那个结是什么，你只要想想“一个位子要待多久”这个问题，继续往前走，你就能打开这个心结。

下篇

有钱买股票，不如买机票

前不久我到日本访友，飞行时间不长，却令我终生难忘。当我用完餐，空服员非常客气地问我是否要喝拿铁咖啡时，后面机舱突然传来一阵阵极为惊人的呼叫声，有人惊恐地用日语不断地呼喊某位日籍乘客的名字，机上旅客立即陷入一片骚动。原来有位日籍乘客原本还在用餐，怎知下一秒钟却口吐白沫陷入昏迷。恰巧机上有位医生，赶紧为他做CPR（心肺复苏术），同时有三四个人不断用日语轮流大声呼喊他的姓名，试图唤回他的意识。眼看离紧急降落的福冈机场还有30

分钟航程，昏迷的乘客正在跟死神搏斗，所有乘客的心全揪在一起，大家除了为他祷告之外，一点忙也帮不上。当飞机机轮终于碰触到福冈机场的那一刹那，我发现泪珠已经不知不觉浸湿了脸颊。所有乘客除了配合空服员的呼吁保持安静之外，也只能透过那小小的机舱窗口往外看，急切地关心救护车上的乘客是否逃过了鬼门关。

当机上状况解除了之后，有人立刻戴着口罩，手持摄影机上机拍摄附近乘客的影像，拍摄人员的小心谨慎让原本低迷紧张的气氛更添些许的诡异。由于一些手续，我们仍然在福冈机场等候了半小时之久，这短短的半小时，是那位昏迷乘客的抢救黄金时间，也可能正是其余乘客开始思索人生意义的关键时间。

有些事现在不做，一辈子都不会做了

在单车旅行风潮下，有对夫妻两年前用极少的积蓄，完成了骑单车环球旅行。当初，男方跟岳母提出此想法时，被岳母嘲笑：“你中了彩金呀？”并且非常不理解，觉得女儿嫁了个不长进的老公。但经过沟通后，两人终于选在他们结婚纪念日当天上路了，你一定不敢相信他们出发时身上只有1000美金。钱用完时老公就当起街头艺人，吹起口琴赚旅费。有一次，老婆在加拿大发现结婚戒指弄丢了，两人急得找了半天，觉得可能掉在前一个落脚的地方。结果有位加拿大人热心地带着他们开了快100公里，沿路找戒指，他们说这种感动一辈子也忘不了。他们还曾在欧洲碰到热心的人，看到他们克难旅行，特别准备了一个礼物，交代他们必须在下个结婚周年纪念日当天才能打开，结果一打开发现里头有两百欧元，用来赞助夫妻的旅费。后来这对率性的夫妻结束旅程回家了，回忆起这一路上的惊喜、风雨、辛苦，他们说两人的感情比以前更加紧密。甚至平时当他们遇到有人说“我想怎么样怎么样”时，他们都会同声回答：“赶快去追梦！有些事现在不做，一辈子都不会做了。”

我的机舱震撼记让我不禁思考，人生一定要求事事圆满吗？中国人特别追求“圆”的境界，做人做事都企求“圆满”。例如，婚姻圆圆满满，事业成功圆满等。但随着年龄的增长，渐渐地体会出这句话的深度与难度。照理说，人们的学历越来越高，生活水平越来越优，婚姻状况应该是越来越好，而不该是离婚率快速攀升才是，但似乎事实又与假设相反。

老一辈的人常挂在嘴边说："有一好，没有两好。"意思是如果某一方面强，另一方面可能就弱一些。有缺口的圆是世事的常规，有时存在缺憾才更完美。世上没有所谓的完美婚姻，当然也就没有完美丈夫或是完全妻子。有句俗谚："恶妻胜孝子"，指的是再凶恶的老婆都要比孝子来得重要，中国人用"恶妻"两字，也充分说明了老一辈的人对婚姻的解读能力比现代人要来得幽默且强多了。

执子之手，与子出游

在一个电视谈话节目里，主持人问来宾："40岁了怎么还没结婚？想找一个什么样的呢？"

来宾答："就想找一个随时随地能和我聊天的人！"

这还不容易吗？看似容易，其实也不容易。

我曾看过电视剧《康熙王朝》，康熙到容妃那里，最爱说的一句话就是"朕想和你说说话"，于是常和容妃聊天聊地，聊国家大事也聊芝麻小事。后来不得已废掉容妃之后，即使后宫佳丽三千人，康熙都觉得连一个说话的对象也没有！

不论事业再大，再怎么不平凡的人也都要有一个能理解你、能和你对话的人。这样，你就不至于孤单寂寞了。

一份调查显示，两性之间，男性最需要的是：

1. Security（Emotional）（安全感）
2. Understanding（理解）
3. Spiritual leadership（精神的引导）

而女性最需要听到的是：

1. That's great（非常棒）
2. Thanks（谢谢）
3. Don't worry about it（不要担心）

看看这份调查结果，全都不是什么必须上刀山下油锅，摘天上星星这般困难的事，反而是简单容易得不得了的。但经常是越简单的事，我们做得越不好，或者说做得不够好。每一种感情都得时时关心，时时培养。有些夫妻爱情长跑十年，结婚一年就离婚了。离婚原因当然有千百种，但自以为谈恋爱谈得够长，就能保证感情不变质的人，可得换换脑子。谈恋爱的时期就像一盆肥沃的土壤，栽上一株树之后，如果不时时浇水施肥，这树也长不好。而这浇水施肥的工作就是婚后两人经常地沟通与积累共同的回忆。

感情或婚姻这档事，没有100分的另一半，只有50分的两个人。有人说，通常愿意留下来跟你争吵的人，才是真正爱你的人。如果你想让感情有如吃到甘蔗般甜美，平时应该多多积累两人共同的回忆。例如，出游或是共同探访许久不见的亲友，就是很棒的一件事。我经常奉劝大家："有钱买股票，不如买机票！"别老是成天想着投资赚钱的事，有些事现在不做，一辈子都不会做了。不必等什么良辰吉日或旅游旺季，兴之所至时，你就可以买张机票，牵着另一半的手，寻梦去也！相信我，腾不出时间休假的人，总会腾出时间生病。

跳脱的人生更幸福

凤凰电视台知名主持人、被李敖称为“台湾最聪明的女人”的陈文茜说过:“我不一定有能力与别人长久相爱，但我很有能力和别人分手，不论是我负人还是人负我。”陈文茜的才气和情商是有目共睹的，她结束姐弟恋，与整形医师分手引起不少议论。她在微博上坦露心情:“夕阳情的女人，其实比二十几岁的女人，爱得既怕又痴情。我小时候很难体会这一点，总想中年女子历尽沧桑，还会把爱情当一回事吗?可是观察我身边的女性朋友，如果失恋起来，想要死或真的会去死的，大概都是中年女子。年轻的少男少女，爱情对他们来说，好像刚吹出来的泡沫，漂漂亮亮，一下就破了，破了一个又接一个，再美也随风飘走了，连记都来不及记。”字里行间足见她把感情轻轻放下的重中之重。

成熟是种性感

事实上，媒体对陈文茜一直保持高度关注。有次杂志大登她的绯闻，任何人遇到这样的事，一定是气炸了，但陈文茜决定不举行记者会，也不改变自己既定的行程，如期参加了歌手周华健的演唱会。她表达了自己的生活由自己主导，绝不受媒体影响的态度。她当时对媒体开了一个玩笑，说另一名知名女性怀孕了，结果大队媒体立刻转移阵地。陈文茜这招“声东击西”还真属沉稳应对。另外，我还记得陈文茜曾经一度主持广播节目，在无暇兼顾想请辞，老板又不准她辞之下，她也不想让事情僵在那里，结果她就在主持节目时天天对听众说：“今天是我主持这个节目的倒数第几天。”而到了最后一天，她说：“今天是我主持这个节目的最后一天了，拜拜。”真是一个率性又可爱的陈文茜!

在屏幕前评论犀利的陈文茜，在工作上属“温柔的施压法”，她对属下很温和，但凡事很有主见，如果属下前来询问意见，陈文茜会以专注的眼神看着对方说:“你认为呢?”这句话让人认为事情就该如此做，属下也会立即去执行她的想法。

尽管陈文茜感叹情事已逝，但以她的生活态度和成熟度，相信即使一个人也能活出自己的幸福!

我曾经参观过一位知名企业女强人的办公室，墙上悬挂着引我注意的一幅字——“温柔说重话”。这几个简单的字透露出主人对自我情绪的掌握要求、不疾不徐的生活态度以及爱人惜才的情怀。这名女强人说，温柔的态度、良好的沟通、自主的个性、对梦想的追求、良好的情绪修为，这五项让她不论在事业上或个人感情上都游刃有余。

过去是充满灵气的电影女星，近年转为灵修老师的胡因梦，和前夫李敖的分手仍然不断被人提起。胡因梦每每碰到这样的问题时，总是透过宗教解读感情，媒体最想听到的是她对李敖的大鸣大放，但她总是绝口不提。因为爱情逝去后，刨根究底或是沉沦自虐都足以摧毁一个人的生命。许多人总是借着恨怨来触击一颗已经不再动机单纯的心。我很欣赏张晓风的一句话:“无论何时,我最爱的,都是你的笑。”

江苏卫视《非诚勿扰》节目上曾有一位30多岁的单亲日本妈妈引起了我的注意,她热忱又积极追求第二春的开朗个性让她在场上20多位美女环伺之下,仍显出她个人的魅力。虽然她在外表上不属天生的美女型,但她有一种成熟内敛的难得气度,充满智慧,又有抚养家庭的能力,这就是追求幸福的“优质股”。

有人这样形容“熟女”:直接又诚实。如果你是蠢蛋,她们会马上叫你滚蛋。“熟女稳重又自持,不会在歌剧院或高级餐厅里跟你大呼小叫。”同样的道理放在男人身上也受用。能释怀、懂温柔、轻重自若的男性,不论处在哪个年龄段,幸福都不会离弃你的!

拾起快乐的百宝袋

在这个复杂多变、快节奏的社会,我们必须懂得拾回年少时那股用单纯眼光看事情的乐趣,接受人生就是一场游戏,凡事都有代价的现实。你可以不顾一切地追寻梦想,但必须抛弃自己的得失心，做一名勇敢的追梦人。

这里我提供一个追梦但确保不受伤害的秘诀：踏上追梦旅途时记得带着“快乐百宝袋”，把所有可以让你满足愉快的元素，全部往里头装，可以是“我有身体健康的父母亲”或是“我有许多爱我的好朋友”，无论抽象或具体，只要是追求快乐的方法，都将它们带在身上。接着，请将所有让你不快乐的因子从袋里拿出来丢掉，然后轻盈勇敢地上路。这么一来你已打好了快乐的基础，无论追梦最后成功与否，都能够少点得失心。

人生就是一场游戏，凡事都有代价，现在的你要比过去看得更远、更跳脱！

纯真勇气

压马路是我的嗜好之一，我喜欢看人，特别是看陌生人、欣赏陌生人，完全不需要语言沟通，不必知道对方的学历经历和银行存款，而是只由第一眼判断，这于我是件非常有趣的事。

一天，我又在街上玩起这种偷瞄人的游戏时，突然被一声“崔教授”给叫住了，当下的我立刻收起调皮淘气的心理。我是该严肃一点，没错，因为喊住我的人是位我平日景仰的朋友P君。人除了有几张代表职业的名片之外，有些人还有一张隐性的名片——“社会名流”。这位朋友就属名流绅士。

街头偶遇的心灵撼动

久未见面，我很自然地要求互留名片，但随后我却陷入了尴尬和罪恶感——最简单不过的掏名片这件事却大大为难了他。只见他的手颤抖不已，时间似乎在此刻被无限期静止了，他艰难地和名片夹缠斗，一张名片花了他半晌时间才掏出来。一时间我不敢抬头看他，不是怕看到对方的不堪，而是怕从对方的眼神里看见自己的懦弱和伪装。

他得病了，这是我第一个想法。从他颤抖的手中缓缓接过名片后，我吸了一口气，鼓起勇气抬头看他。透过镜片，他那极真的眼神触动了我，那百分百的纯让我的伪装无所遁形。首先打破尴尬的人是他。他说："我得了帕金森氏症，这病还没有解药。服药两年了，手抖得筷子都拿不住了，只怕身体越来越糟了。"

我注意到他眼神里闪过一丝忧伤，正令我心疼之际，他接着换了一种口吻对我说："我吃这药，有副作用，就是我的性能力完全丧失了。现在的我可谓'社会无公害动物'。"听到他这话，我情绪稍微放下些。我安慰他说："既然你无公害，现在喜欢你的女性应该比以前更多了吧？”

我们两人这次街头对话最后在温暖却幽默的氛围中结束，但同时也结下了日后交流与关怀的友谊。让我见识到他在别人口中的迷人之处，有一大部分原因是他有一般成功男士身上难得一见的纯真、勇敢和幽默。

疾病足以击倒一个人，影响几个家庭，甚至周围的朋友圈。但这位朋友P君即使得病了，仍不改其幽默风趣的天性。

P君总是以幽默的态度看待人生，也经常替人指点迷津，他说：“如果自己长得不好看，没关系，起码做到不令人讨厌；如果不确定自己是否令人讨厌，就必须让自己有才气；如果才气也没有，那就不能常常生气。”

疾病让P君的幽默听来更显豁达，他让我想起唐朝温庭筠的《望江南》：

梳洗罢，独倚望江楼。过尽千帆皆不是，斜晖脉脉水悠悠。肠断白苹洲。

虽然这作品描述的是女子的心情从望江的期待到过尽千帆的惆怅，肠断魂销的思念，连无情的夕阳和江水都似为之动容。但罹患帕金森氏症对于一位正值壮年、事业处于巅峰时期的男人而言，比肠断魂销打击更大。健康对他而言，仿佛是他朝思暮想盼也盼不到的明天。不过，P君平日是位不失孩童之心的男人，他幽默风趣而不显幼稚。成熟快乐的他身上总是汇集巨大的能量，虽身体如江河日下，但人气却居高不下。

一切都是最好的安排

一位从海外回来的A君每次聚会总会被朋友取笑一番。因为他结过三次婚，而每次结婚的对象都是同一位女士。熟悉他的朋友们笑他“执迷不悟”。

一天，我趁他老婆缺席聚会，壮起胆子连问他三个问题：

1. 我问：“你为何要在婚姻中进进出出三次呢？”

他答道：“Married men live longer than single men do，but married men are a lot more willing to die.”（已婚男人比单身男人

活得久，但是已婚男人比较想寻死。）

2. 我又问他：“你为何不换老婆，老跟同一个人结婚呢？”

他答说：“一切都是命呀！”

3. 我继续问他：“那么你会建议单身的人士结婚吗？”

他笑着答道：“Make Love，not war. Hell，do both. GET MARRIED.”“缠绵。别缠斗。两者兼得结婚吧！”

我发现这两位大家眼中幽默指数最高，也最受欢迎的P君和A君，具有共同特质：

1. 与别人有良好关系；
2. 有信任他人的能力；
3. 自我认同的程度高；
4. 个性成熟度高；
5. 不过度防卫自己。

英文里的stressed（压力）与desserts（甜点），这两个单词存在着非常微妙的关系。试试看，你只要把stressed这个单词倒过来写，就成了desserts。

我们东方人老羡慕老外天生幽默风趣，难道亚洲人就天生少了幽默的细胞吗？其实不然。我们要学习换个角度看事情，就像是把stressed倒过来看一样，换个角度，也换个脑袋，换个心态。做到了不计较之后，你和旁人的相处就更加轻松了。相信我，人在放松的状态下，幽默和风趣自然信手拈来。这种豁达、纯真和成熟是值得你一辈子追求的。

有感于是活着

以前参加别人的告别式是悲伤到底，现在则是悲伤莫名，莫名的原因实属心情复杂，笔墨难以形容。

人这一辈子有太多人值得进一步认识，却又都来不及。有些人每晚忙着应酬，一场接着一场，累得都快爆肝了。我问："这些应酬都是非去不可的吗？"其中一位告诉我："没法，就想多认识些人，对事业有帮助嘛！"

认识人，搞人脉，的确对工作方便许多，但我认为，认识自己是更重要的事情。我在别人的告别式上，看到了许多人在用不同的方式对待这个世界。

告别式的启示

有些人忌讳去告别式，特别是中国人避讳的阴历鬼月，但我认为在告别式上向逝者致意道别，某种意义上也是向自己的过去告别。在多年不见的老友Marry的告别式上，我才发现我对老友所知非常有限，令我汗颜。原来，我只知这位职场女强人的智慧过人，但从她先生的口中，我才真正体悟到Marry对人的体贴和包容远远超过我的想象。她的先生说坚强的Marry对孩子的临终遗言是用skype（一款网络即时语言沟通工具）进行的，Marry无法掌握自己哪一天咽下最后一口气，但她要掌握自己和亲友道别的方式。体贴的她即使在癌症晚期气息衰微时，都不愿孩子丢下工作为她请假回国，她说skype很好使，有了skype，在世界各个角落的亲友都可以陪她走完人生最后一段路。

还有一位令我景仰的台湾女作家曹又方，也令我怀念不已。不论是她的文笔抑或为人，都展现出蓬勃的创作力和独立女性的形象。纤细瘦弱的她曾经掌管两家有声有色的出版社，出版过大量具有质感的两性情感书籍，抚慰并激励了无数现代女性的枯竭心灵。无奈癌症重创了她的身体和事业。病情好转的她办了场重生茶会，更在众人惊讶声中邀集众多好友，替自己筹划了一场美美的生前告别式。事后想想，她是多么体贴人，她知道所有人难放下对她不舍的心，于是她尽管体力耗尽，仍旧在生前办了这么一场温馨的告别会。没有死亡笼罩下的悲戚，而是和众好友们有一场心贴心的对话，正是这些话语支持了所有人度过失去她的难挨日子。

我曾经试图问Marry的先生，当时为何不让孩子在母亲合上眼之前赶回国陪侍在侧，但我始终没开口问，因为我在那场告别式上真正了解了Marry，她就是这么一位包容、体贴、温暖的母亲、太太、朋友和同事。离开人世前，她秉持一贯的做人风格——低调、方便他人。告别式至今已有一段时日了，我仍旧对于失去这么一位好人、友人而感到遗憾不已，直到我看到了曹又方的一句话才再度打起精神——“因为不能再忽视死亡，于是要更加用心地活下去。”不论你是否满意自己的过去和现在，想要精彩地往前走下去，就必须懂得告别过去，学会珍惜现在。

生活是最好的老师

2012年港台演艺圈也有令人遗憾的消息，台湾著名歌手陶喆的父亲、著名节目主持人陶大伟（大家口中的陶叔叔）因癌症去世。陶叔叔感到自己即将不久于人世，特别传了短信给演艺圈好友、知名主持人张小燕，对好友表达感谢，他短信中提到："朋友年轻时交的是热血；到了中年时交的是感觉；到了老年时交的则是知心。尽管血会冷却，感性会淡，心中的感觉仍只有升华。"

香港影星张达明则在网上贴了张自己抗癌的照片，并且写上："我还好，仍然靓仔！"一贯幽默的他承认面对病魔，一个人的力量是非常脆弱的，独自一人实在很难应付过来。他更语重心长地告诉大家，面对疾病要"三心二意"，所谓的三心就是斗心、耐心、静心；二意就是注意饮食健康和不在意他人眼光。老实说，我觉得张达明的提醒更像是说给所有人听的，是一剂生活上活生生的灵丹妙药。我认为这剂灵丹妙药就是告诉大家，过日子要100分地用心，对亲友要100分地呵护，对待人生要100分地正能量。

有对老夫老妻每次出门，先生总是紧紧握住太太的手，旁人看了感动不已，对老先生说：“你们俩感情真好，真让人羡慕。”谁知老先生却说：“我出门一定要紧紧抓住太太的手，否则她又要乱买东西了。”呵，这当然是一则笑话，但也道出了所有人享受生命时应该具备的人生智慧：能控制情绪的时候，更能体悟如何处理问题；能包容的时候，更能感受快乐的降临；能关怀的时候，别只是光想而不行动；能牵手的时候，别只是肩并肩；能拥抱的时候，别只是手牵手；能在一起的时候，就别轻言分开。

你是位不老骑士么?

朋友包场请我们看电影，入场前，朋友还贴心地为大家准备了纸巾，提醒大家想哭就哭，千万别憋着。此话一出，几位酷酷的朋友答道：“我是标准的铁石心肠，看电影从来没哭过。不信，我们来赌一把。”怎料，说这话的人，赔惨了。

是什么样的电影，能让大男人动了真性情，流下男儿泪并且一发不可收拾？

追求梦想永不迟

这部《不老骑士》是部纪录片，主角人数多达17位，平均年龄81岁，他（她）们排除家人反对，跌破众人眼镜地以13天时间骑机车环绕台湾一圈。令人吃惊的是，17位当中有两位罹患癌症，四位需戴助听器，五位有高血压，八位有心脏病必须按时服药。基本上每个人都是病号，但他们为了一圆藏在心里一甲子的梦想，决定冒险启程。

电影看到这儿，就已经让我沸腾不已了，而最让人动容鼻酸的一幕是：其中一位何老先生在出发前先行到已逝的老婆坟前对着墓碑真情说话，征求老婆同意让他出发。几句简单平凡的话，代表夫妻间的承诺和默契。何老先生如愿把老婆的遗照放在机车前便启程了，他仔细地布置美丽的鲜花，让另一半在天上也能跟上他的环岛壮举，欣赏每一处的美景。真可谓百分百的铁汉柔情！

这部纪录片没有一位大明星，全是市井小民演的真实人生，导演原本只是受邀拍15分钟的纪念短片，但镜头前一个个对生命的无悔追求深深打动了他，特别是当他看到一位87

岁高龄的老人在行程中三次进出医院仍旧坚持完成梦想，便主动要求延长拍摄。所谓“无心插柳柳成荫”，这部纪录片入围了韩国釜山影展。这个故事也吸引了一群平均年龄72岁的美国车友到台湾骑重机车，一起追回青春岁月。这群美国和台湾的老人们异口同声地说：“我们虽老，我们也可以完成梦想，只是速度慢一点而已。”

梦想是最好的百忧解

看了纪录片之后，几位朋友自然互相问起彼此有什么梦想还未实现?

网络上有人这样说人生：“人的一生，好像乘坐北京地铁一号线：途经国贸，羡慕繁华；途经天安门，幻想权力；途经金融街，梦想发财；经过公主坟，遥想华丽家族；经过玉泉路，依然雄心勃勃。这时，有个声音飘然入耳：乘客你好，八宝山就要到了！”有人感叹人生苦短，如浮云不定；有人则顿时醒悟，懂得淡然处之，享受生活，寻找快乐！

我看了纪录片之后，更加肯定角度和视野有时比家世背景更能影响一个人的人生。影响一个人快乐的因素有四种：性别、性格、外在环境和年纪，其中以年纪影响最大。英国有项针对全球的调查发现，全球最不快乐的人多集中在46岁左右。年轻人都活得相当带劲，进入结婚生子阶段，责任加重后，心情也开始低落，46岁是不快乐的高峰。换句话说，46岁时千万要懂得转换心情和角度看世界，再度把追求快乐这件事当成一件重要的人生志业。否则年华老去、活力不再之后，一个人的精气神就逐渐走下坡路了。在此建议，46岁左右的朋友不妨在此时为自己开发新的生活方式，例如，学习、旅游、奉献等等。

身旁好多老人需要靠百忧解（治疗抑郁症的药物）过日子，否则不吃不喝身体衰弱，令子女担忧。怕老是人类的通病，因为伴随老年而来的不外乎是外表老化、机能退化、资源弱化。有位才三十几岁的医生朋友谈到“老”这个问题时，甚至说“希望我在老之前死去”，足见“老”带来的心理阴影如同鬼魅一般。

“老要老得开心”已经成了目前社会精英们下个阶段要面对的主议题。

抑郁症有时来得无声无息，等到状况明显时，往往令人措手不及。个人很感谢友人邀看电影，让我以一种轻松温馨的方式面对自己几十年后可能的样貌。这部《不老骑士》给了我许多启发，让我对“老”不那么悲观，让我对“U”型人生有了期待。所谓的“U”型人生指的是46岁如果是人生谷底，那么接下来就会开始回升，越来越快乐。要想走上这个“U”型人生，最好的方法是怀抱梦想，因为梦想是最好的百忧解。写到这里，我想我也找到了另一个和老人相处的方法，就是陪她（他）说梦想，构筑梦想，实现梦想。

孩子们最不缺的就是钱！

去年过年我正好在国外，依着咱中国人的习俗，我不论白皮肤黄皮肤，只要是小孩，就一律发个小红包。拿到红包，小孩们当然笑灿灿。但是其中一位美国小孩脸上不见喜悦，而是抱着怀疑的口吻问我："为什么红包袋里一定要装钱，不能装其他东西吗？"

"不装钱，那还叫红包吗？"我心里想。这么不一样的小孩让我想了解他小脑袋里到底想的是什么。结果，这小孩说：

“红包袋里可以装小卡片，卡片上面可以写上一些鼓励人的话呀。这多好！”听了之后，我一时语塞。

你会爱孩子吗？

马雅遗迹的“2012年末日说”带给很多人惊恐，身旁一些朋友直呼：“如果真是末日，那要赶紧去环游世界。”开年之后就传来意大利豪华邮轮“歌诗达协和号”触礁翻覆的意外，简直是“泰坦尼克号”的翻版。我可以想象“协和号”意外发生的那一刹那有多么恐怖，因为我才刚搭了一趟邮轮回来。足以搭载4000人的邮轮空间之大，活动地点之多，以及海上手机断信，这些条件都足以让意外发生时，分散在各个角落的一家人，因为一时间找不到彼此而惊恐不已、四处奔窜。这次的“协和号”翻船事件让我想了一想，如果这事真的被自己遇上了，那么我留给孩子的，除了那不起眼的遗产之外，还有什么？

有一名犹太老师问学生：“如果你必须逃命的时候，你会带着什么逃走？”正常人当然回答：“任何值钱的东西。”不过，犹太人在小时候就被教育这个问题如果回答“钱”或“宝石”是不对的。因为，钱和宝石一旦被夺走就完全失去，唯有教育是别人夺不走的。

有一天我和媒体朋友聊到为人家长的话题，这位媒体朋友说他对台湾流行歌手组合S.H.E里的Selina的爸爸——“任爸”印象深刻。他说任爸至今仍骑着一辆20年的老机车，坐垫破了好几个洞，就连皮夹也是用了好多年的老东西。

难道任爸喜欢老东西？其实不然，而是这位“星爸”有着俭朴的个性。任爸总是身体力行他的价值观和人生态度。据说Selina尝到红人滋味之后原本想买双B轿车，但被任爸否决了，任爸告诉她高价车的保养费也比较高。还有一次Selina请双亲吃饭，所费不赀，结果被父亲告诫以后除非特殊节日，否则不可浪费。任爸说一旦他发现女儿买了过多的东西回家，他一定会说上几句。女儿有时会跟他打迷糊说：“这东西好久以前就有了，你一定眼花了。”任爸时常给女儿一些正面的压力，让女儿懂得节制自己在物质上的欲望，并且不要穿金戴银炫耀自己，因为“比较”是永无止境的。任爸对教育很有自己的坚持，他在女儿烧伤意外中展现的坚强，也让人对他佩服不已。

什么是给孩子最好的礼物？

有一位中国妈妈带着孩子移民海外，国外的日子很苦，母亲每天送小孩上学后就要在街角卖三明治。到了下午放学，孩子们来到母亲的三明治摊时，母亲就停止营业，为孩子做面条吃。有一天，当孩子们坐着吃面，而母亲又忙着做生意时，一位老外邻居过来跟孩子们说：“你们已经不小了，你们应该去帮母亲做三明治，不要只是看着母亲忙碌，而自己就像傻瓜一样一点忙也不帮。”对孩子训完话，老外还紧接着回头训斥这位母亲：“你们中国人就是太溺爱孩子，永远活在一种‘补偿’的矛盾心态中。自己所欠缺的，就想让孩子早一点拥有。你们中国人自己过得苦，就希望自己的孩子将来能成为大富翁。好像成为有钱人，住好一点的房子，开好一点的车子，就是给孩子最好的礼物。你们这种想法简直跟‘孩子，我想当一个有钱人的妈妈’一样。但可笑的是，我看到你们很多老人等到孩子发达赚大钱了，又舍不得花孩子的钱。唉，你们中国人呀，真是一辈子累！”

是呀，咱老中这样疼小孩，对小孩好吗？

《论语》里记载：

子贡曰：贫而无谄，富而无骄。何如？

子曰：可也！未若贫而乐，富而好礼者也。

子贡说：我们虽然贫穷，却不因为想摆脱贫穷而趋炎附势。而如果我们是有钱的富贵人，也能够做到不因自身的财富，而在别人面前显现骄纵之气。孔子回答子贡“可也”表示肯定。因为这样的修养的确难能可贵，一般不容易做到。但孔子还提出了更积极的做法：“虽然贫穷却能安贫乐道；虽然富贵仍能践礼行仁。”

前面提到老外小孩问我为什么红包里不能送鼓励人的卡片，在这里姑且不谈中国人的传统，红包的确凸显了钱在大部分人心中一直被认为是最能鼓励人心的东西。不过，这洋小孩倒是让我觉得以后在红包里除了塞钱之外，如果也放上一张勉励人的小卡片，是不是更能让孩子感受到大人赠与的价值观呢？就像过年时我总是喜欢收到来自基督徒朋友的红包，因为红包里总会放上一张来自上帝的祝福卡片，让人接过手之后心里感到特别平安喜乐。“平安喜乐”不正是我们最大的幸福吗？

Selina的爸爸说他常和朋友分享一段话——“亲朋邻居不要比，儿孙琐事随他去。吃苦享乐在一起，神仙羡慕好伴侣。”其实，在经济环境越趋改善的今天，将来孩子们最不缺的就是钱。身为大人的我们要好好想想，除了钱财之外，我们还能给孩子们留下什么？

这样“婚前协议”幸福吗?

最近友人家里有喜，当大家兴奋地询问何时办喜事时，这位准岳丈却语带保留地说:“我那位准女婿居然自己拟了份婚前财产协议书，表示婚后若两人协议分手，他绝对不会贪图我们女方家的钱财。”友人继续说，“女婿真的签字了，并且亲手拿给我。这下该我们长辈不知如何办了，只好先收下，反正备而不用。倒是我女儿不开心地说这种协议书好像是在诅咒未来的婚姻，好像婚都还没结就盘算到了将来的财产分配。感觉很不浪漫。”这种识大体又坚持的女婿其实并非少数，很多在国外长大的小孩对于这个问题，大部分见怪不怪，因为婚前协议对老外而言是稀松平常的事。

婚前协议——大家在担心什么？

有位白领说，她和老公虽然只是小康，但也赶时髦签了婚前协议。白领说，婚前就要签协议书的确有点互不信任的感觉，不过感情这种事谁也说不准，女人婚后就不值钱了，总要为自己多打算。所以他们夫妻财产分开，但每月两人都拿出一笔钱存入共同账户，家庭开支都从那里转账，剩下的薪水互不干涉，车子各自负担，共同账户由太太管理。他们结婚三年了，这位白领觉得这是很踏实的保障。

先前提到的那位主动签字的女婿很务实地说：“对于任何一方有巨大资产或将来可望继承大笔遗产的新人来说，婚前协议是必要的，否则将来离婚或是一方死亡时，会很麻烦。”

在西方国家，以离婚收场的比例非常高，协议的内容更是五花八门，除了孩子监护权之外，还有宠物监护权、通奸条款、退休金保障条款、家务分工、古董所有权、债务等，甚至把可能的通膨也算进去。

先跟自己的心态协议

感情一旦牵扯上金钱，问题就显得复杂了。2012年的光棍节恰好碰上郭晶晶的豪门婚礼，于是好多人热议豪门婚姻真是可遇不可求，还有人煞有其事地说香港人迷信风水，认为跳水的伏明霞、郭晶晶遇水则发，能为夫家带财，能生子可旺夫，所以中国跳水队的一姐们相继嫁入豪门。更有人拿郭晶晶和伏明霞的身价来PK，认为郭晶晶的身价从千万级跳升至亿万级，但是家族大，事情和约束都较多。相对之下，伏明霞的婚姻单纯多了，烦心的事情少多了。伏明霞曾如此形容过自己的婚姻："我的体会是世上的名和利都是虚的，我只要照顾好家人，过好自己的生活，就是赚了。"伏明霞这句"只要过好自己的生活，就是赚了"其实蕴含着很深的意义，嫁入豪门虽是绚烂耀眼，但是风光的婚礼背后才是考验的开始，平平淡淡才是真。

曾有一位朋友20岁就嫁给比她年长十多岁的富商，富商出手大方，她热恋之初也以为这就是幸福，却从没想过两人的性格是否适合，思想能不能沟通。不到一年的时间，在看似幸福的外表下，她内心的波动和矛盾不断冲击两人的关系，22岁生日那天她离婚了。现在的她坦承自己还是比较喜欢高富帅的男人。“男性重外表，女性重物质”仍影响着人们择偶的心态。大部分人都想要另一半有美丽的外表、受人尊敬的职业、不错的收入。不过，这位在婚姻里走过一遭的朋友说“高富帅”的男人太有条件可以出轨了。所以呀，豪门这档事是“可要可不要”，而非“可遇不可求”。

每个人在寻觅的道路上，或许找不到完美先生/完美太太，但我们不妨停下脚步试着找到对方身上值得你欣赏的部分，好好地欣赏它，珍惜它，然后再继续你的人生。幸福通常是感觉不到的！有吃有穿是一种幸福，有亿万家财的人更令人艳羡，但活得轻松简单其实也很幸福。

管它什么婚前协议，聪明的女人就应该先跟自己的心态协议好，懂得把幸福摆在手掌心，好好地珍惜。因为人生最大的幸福，正是身已安和心亦宽。

远离抑郁

“Anita跳楼自杀了！”

一个周末的午后，我突然接到这么一个报噩耗的电话，当时和我一起喝咖啡的朋友，立刻瞧见我脸上的惊愕与悲伤，纷纷打探到底怎么回事。

Anita虽与我不熟，但也有数面之缘。美国名校毕业的她是个ABC（在美国出生的中国人），随着美国公司总部将她提升到亚洲副总裁的位子后，她的生活便只有一个字——忙、忙、忙。

忧郁的面孔

有句话说：“认真的女人最美丽。”Anita的确是这句话的最佳实践者。身高一米七六，身上混合着西方的阳光与东方的神秘，拥有漂亮学历再加上事业有成，她不知羡煞多少白领女性。

有一回我和她在香港机场的星巴克咖啡馆巧遇时，不经意地发现了这位女强人脸上昔日的阳光灿烂不见了，有的只是疲惫过了头的忧郁。当时她轻描淡写地告诉我：“我不能再搭飞机了，好几回我一登上机舱立刻感到快要窒息。上一次连机门都关上了，我无法控制自己，闹着要下机。事后连续两周，我几乎天天做噩梦，觉得自己喘不过气来。公司周围的同事都已经察觉出我不对劲了，就医之后，医生怀疑我得了抑郁症，公司打算强制我休假。我觉得我对生活有点无感，只觉能量耗损、疲倦、乏力 。”

谁也没料到，那次的机场偶遇竟然是我最后一次见到Anita。

像Anita这样令人遗憾的事情并不是单一的偶发事件，

千万别以为抑郁症是大人的权利，之前我去了趟美国，听一位在美国某大学担任心理辅导的博士说，早期美国校园最大的问题是毒品泛滥，如今却被抑郁症取而代之。最近又有医学界的朋友告诉我，困扰现代人的五种最新慢性疾病中，除了大家所熟知的心血管疾病之外，情绪障碍俨然是隐形杀手。Anita感知到的“能量耗损、疲倦、乏力”就是一种征兆，我在一些演讲场合中，看见台下有些人的面孔正透露出这样的符号。甚至还有位CEO拉着我到会场的一旁，低声对我说他的职场高位居然无法带给他开心，他有时忍不住会哭泣，感到感情空虚，无法享受和人群在一起的乐趣。

现代人如何开心起来

社会形态的改变，职场人的身心压力甚于以往，以下几个问题可能就是造成你抑郁的原因：

1. 时间永远不够用——蜡烛两头烧。
2. 生活重心失序——工作强人、好父亲、好母亲、好晚辈的角色经常互相冲突矛盾。

3. 自我方向逐渐模糊化——失去自我的人生目标。

4. 身体突然不对劲——失眠、注意力不集中等毛病突然找上你。

5. 心中充满无价值感、绝望和内疚感。

现代职场人想要甩掉抑郁需要做到以下三点:

1. 不要过度完美主义——追求是无止境的，凡事只要“Good Enough”(足够好)就好了。

2. 不要一人身兼数职——职业人多是八爪章鱼，日夜扮演不同角色。提醒强人们做好工作角色的分割及定位，一个时间只扮演一个角色，以免产生角色混淆。

3. 培养找人谈心的习惯——现代人承受着许多压力，遇到问题又往往找不到人倾诉，建议您必须拥有一个强而有力的人际支持网，我经常呼吁每个人应该能够随时找到五位好友。因为一旦遇到心情极度低落时，这些人就能及时拉你一把。

做回自己

每个人一生中总有几个必定要去的地方，罗马就是我名单中一定要造访的地点。丰富迷人的古迹让我兴起了还想重返的念头。不过，罗马除了古迹之外，令我着迷的还因它多姿多彩的神话传说。

去过罗马之后，我便在手提包里塞了个铜板，这枚铜板上印着一位罗马神，这位罗马神大有来头，每年元旦，古罗马城都要向他献礼。这位古罗马最古老的神祇是一位两面神，他前后长着两副脸孔，向后的一张脸孔用来观察过去，汲取历史教训；向前的一张则是面向未来，带给人们美好的憧憬。这个传说象征一切事物的开始与终结，英语中的January(一月)就是来自雅努斯的名字。也有人说他代表人有两面，一善一恶，或者是好事与坏事，不论什么样的事情，人都得接受和包容。我非常赞同这位罗马神的务实。

人的确有两面性格。我们经常在面对工作和面对自己时产生很大的矛盾，又或者是在公领域和私领域冲撞时爆发性格上的冲突，使自己活得像两面人，一点也不开心。其实，我们不妨看看古老罗马神的论调——两张脸，两张脸都是自己！

带着梦想做回自己

坦白说，有不少人都是在感情上跌倒后，才决定做回自己的，但是这样的代价往往太大了。我鼓励不论性别、年纪、婚姻状态，任何人一生中都应该找机会做回自己。

有个故事这样说：有人造访某精神病院，在里头遇到一个眉清目秀的年轻人，便开口问他："你看起来没病，为什么在这里呢？"年轻人答道："我爸爸要我接家族事业，我妈非要我娶名校毕业的女生，我哥总说男人一定要有事业。我家人让我觉得我必须成为镜子里的他们，所以我就躲到疯人院来当志工。我觉得我在疯人院里至少可以做回自己。”

一位女强人朋友突然在上周告诉我：“我决定不工作了。我下个月就要启程去纽约学厨艺了。”呵，真潇洒，这是我的第一个想法，第二个想法就是我以后有口福了。这位朋友职场挥洒了15年，一直待在高位。平日周末时遍尝美食，她说只有在周末才能做回自己。现在为了学厨艺说走就走，她这次美国行一待就是三年，她完全不在意三年后能否再度驰骋职场，她一心一意只想做自己。我非常支持她的决定，因为她的做回自己不像一般人的毫无想法导致往后日子无聊，她是有所梦想的，这个梦想足以支持她不断实践自己美丽的生活。我和她约定两年后去纽约分享她的梦想。

我到威尼斯，喜欢找一位拥有建筑学博士学位的导游，跟着他的脚步穿梭在威尼斯小巷，听着他娓娓道出威尼斯伟大华丽的年代，真是享受。面对这么一位有学识的导游，脑袋仍旧庸俗的我终于忍不住问他：“你喜欢威尼斯哪一点？为何选择待在这里？”聪明的导游嘴角略微扬起地说：“你是不是想问我拿了建筑博士学位为何不去外面高就，还窝在这个小地方干导游工作？”尴尬的我只好承认自己管不住那庸俗的好奇心。

“在这儿读建筑博士往往要花上十年。但一旦待上了，就爱上了，爱得不后悔，我愿意把往后几十年全部献给意大利。我回到亚洲看到大家只知拼命应酬赚钱，我在这座美丽城市当导游聊建筑是件很开心的事。就算我搞建筑赚了大钱，又如何呢？我带过好多有钱人的旅行团，这些有钱人都说很想跟我换换角色过日子。”博士级导游说。

威尼斯划贡古拉小船的船夫是世袭制，可能家里三代都是当船夫的，他们认为划船这份工作无关贵贱。的确，威尼斯人和我们的价值观、生命观很不一样。他们从小如果不是读书的料，家长们早早就将孩子送去学才艺，打铁、美发或制鞋。他们凡事依着自己的“心”来做事。

生活就是一种创作

意大利人善于打造精品赚亚洲人的钱，但他们该休假就休假，不少人每年12月到来年3月都在度假。反观我们中国人，分分秒秒都在赚钱，虽说欧元区的崩盘和欧洲人的不勤快有关，但是他们面对生活的“留白态度”、“品尝生活”和“细嚼慢咽”，很值得我们学习。

像前面提到的那位女强人朋友，抛弃既有的成功，重新开始自己的另一个生命，不可否认，这真是需要一点胆识的。但再进一步想，有胆识其实不难，更难的是很多人在面对选择时，不知道自己该做别人心中认可的自己，还是选择做未来的自己。我有几个好方法，我们不妨练习一下当个罗马两面神：

1. 学习罗马神的妥协：满意自己的现况，随时随地做自己并不是件容易的事，有时人必须懂得妥协。大画家提香正是一位愿意妥协的人。他面对垂垂老矣的公爵夫人作画，他画两张，一张画夫人的现况，另一张把公爵夫人画得很年轻，还加上维纳斯模样，让夫人龙心大悦。所以提香是唯一在世时日子过得非常好、从不缺钱的画家。

2. 周末时面对镜子静下心来想象三五年后的自己，你希望看到什么样的自己？想象中的未来和现在是否有冲突？千万记住，做自己绝对不是有钱人才能做的事。如果超过40岁，还在做别人，那么你的榜样永远是别人，这样会很辛苦。做自己，是累积生命力的开始。

3. 要找回感觉，社会世俗会让人变得无感，我们要时时想着罗马两面神，不要只看无奈的过去，而是面对未来要有感觉，要存在美好的期待与渴望！

半糖主义的快乐

我到加拿大看冰川时，同车认识一位在美国工作的同胞Joe，他从北大毕业后到了美国深造并就业成家。我随口问他一句：“想不想回国发展？”Joe说：“我一些同学这些年在国内赚了大钱坐上高位，前年我回国参加同学会时，这些‘成就非凡’的同学对着我说‘你真可惜了，待在国外怎么赚得到钱呢？你应该回国来才有成就，你瞧我们现在多好？’”Joe说他们说话的口气充满了优越感。毕竟是男人，面子很重要。被同学刺激得心里一直很呕的Joe直到最近才觉得心理平衡了一些。因为年初一些内地“有成就”的同学突然跟他积极联络了，频频咨询他如何移民、如何把资产转到海外等等。原因是这些有钱人觉得钱太多也很辛苦，因为没安全感。

在国内工作真的很辛苦，在异乡打拼也难于上青天，但Joe说他之所以不愿意回国，是因为在国内不仅成天应酬少不了，还要玩办公室政治，这些他可不爱。在欧美国家职场做事就单纯多了，公领域和私领域分得很清楚，就算尔虞我诈，但大家对于个人隐私还是非常尊重的，最重要的是他可以充分享受家庭之乐，陪伴孩子长大。

越简单越快乐

是的，Joe可能错过了这几年国内经济突飞猛进的势头，但是他充分享受到了平静的家庭生活。由于他是高材生，所以我当面赞美他优秀聪明，但我私下更想赞美的是他的睿智和勇气。因为看起来年纪不到35岁的他非常清楚自己所追求的是什么，他要的其实就跟平常的小孩一样——最简单的快乐。这一点是很多人一辈子纷纷扰扰都纠缠不清的，而他在三十几岁风华正茂的时刻便勇敢地做出选择，并且勇于执行，这正应了一位智者说的：“能将最平凡的事每天持续维持着，就是一种成功。”

什么叫“半”，有句话说：“凡事不去尽，就是半。”做人处事的最高哲学就是“半”，就像饮酒一般，微醺是最棒的感受。世间事哪有尽善尽美尽如人意的？所以不必强求一切都要十全十美。人生最快乐的事就是跟家人在一起，真正的幸福是每天下班后能跟家人一起看看书、聊聊天，拌拌嘴，笑玩人间，这是多么轻松自在呀！

高级享受or高级烦恼？

一位成功者与我私下谈话时说：“我的压力非常大。”我说：“人无远虑，必有近忧。人都有烦恼和压力，只不过你的压力和烦恼跟别人不一样，你有的是高级烦恼，多少人想要还没有呢。”

个人认为每个人都要思考的十项高级烦恼分别是:

1. 是否曾经为钱烦恼过？个人的金钱观是什么？

2. 每天工作几小时？会不会将工作带回家？家人又是如何配合或看待你带工作回家？

3. 自己是否处在一种忙到没时间花钱的状态？

4. 看到名车、豪宅，是否会心动？你又是如何控制自己的欲望？话说多多益善，你是否认为更多就代表更好？

5. 这些年是否有人曾经感谢你？你做了哪些事让别人感谢你？

6. 是否因为没有空闲陪家人，就改以金钱或其他东西作为补偿？每个月多少钱？

7. 在你自己的设想中，你的足够生活是什么样子？请具体形容出来？例如什么样的房子、什么样的车子、小孩上什么学校？

8. 自己定义中的奢华生活或舒适生活是什么？目前是否已经达到这个标准？它离你心目中所要的足够的距离又有多大？

可能还需要多少钱?

9. 是否想过在自己身后，要留下什么给儿女与这个世界?这些东西对他们有帮助吗?

10. 是否思考过让自己活得足够的方法?你是透过什么样的过程与思考，才找到那个足够的顶点?

单身也可以乐活

传统家庭观念正在发生改变，取而代之的是单身潮。但商业创新的脚步，何时才会跟上这股社会潮流?

在曼哈顿打球的林书豪和现场球迷之间，有什么共同点?答案或许是——单身。

曼哈顿，被封为美国的单身族首都，约有一半的家庭是单身家庭。但这绝非曼哈顿的前卫品位。据统计，美国成年人里，单身比例已经从1950年的22%倍增到现在的50%。

“这是继婴儿潮之后，最值得注意的社会变迁趋势。”纽约大学社会系教授艾瑞克·克林能伯格（Eric Klinenberg）在他刚出版的新作《独居时代》（*Going Solo*）中如此提醒。

单身正在成为一种趋势

在过去，人们总认为单身是结婚成家前的过渡阶段，而家庭又是亲密关系的重要支柱。克林能伯格透过大量的实际访谈后却发现，“生气蓬勃、生活多彩多姿的单身族比比皆是，单身跟寂寞完全是两回事”。

克林能伯格半开玩笑地说：“婚姻是贪婪的，特别是，它会吃掉女性很多时间。”

许多单身女性，因为有精力向外发展，反而更热衷参加志工组织、去运动中心或流连咖啡馆结识同好。人虽单，却不孤，这种基于兴趣相投营造出来的社会支持网络，让单身族更有群性。

过去，人们常误解许多单身专业工作者是在饭碗与家庭间被迫选择了前者，但实情是，这些人乐在工作。因为办公室在本质上就是由一群具有共同目标、拥有类似技能的人所组成的空间，同事间的互动、可以分享的话题与情感，比和配偶、小孩来得多。

尽管如此，多数业界仍把单身商机当做一个利基市场，而非主流市场。之所以如此，和营销策略的错置有关。通常广告营销一旦目标锁定为单身族，便很容易大打寂寞商机的诉求，其情形就像是想跨入“银发族”商机的商家，几乎都掉入销售轮椅辅具的覆辙，以致无法博得更多阅听人的认同。

这就是克林能伯格的新书备受青睐的原因，也意味着新兴社会趋势与商业营运模式的创新，还需要更多的摸索与磨合。未来，谁会先突破这个状态，谁就可能是明日的赢家。

Mr/Miss Solo：自己说给自己听

“嗯，这个女人今天看起来很累哟！”

刘黎儿告诉过我，不少日本女人会有这种对着镜子里的自己说话的奇怪习惯，像是刻意跳脱，用第三人的角度端详自己，当然，也顺便替自己打气。

“这样子好吗？好像不太对！……餐桌正对着玄关……怪怪的……你觉得呢？”

一位闲来会把家具摆设搬来搬去的单身女友，在不自觉间养成这种自问自答的习惯，仿佛家里有个隐形人相伴，她说，这样感觉比较有生气！

“……”

这是一位中年男子对着墙壁讲话而我难窥奥秘、无法转述的内容。当他说到自己偶尔会对着墙壁发表一个多小时滔滔不绝手舞足蹈的演说时，大伙儿都睁大眼张开嘴笑到差点岔了气。这等乐在其中的怪癖，实在有趣。

传说中，所罗门王戴上指环能和虫鱼鸟兽交谈，后人因此称他是洞悉万物奥秘的先知；英国一项研究建议培养学童和宠物讲话的习惯，让孩子们在无压力无竞争的气氛下自在地训练表达能力。显然人类对着动物说话，有圣经故事和学术研究在背后撑腰，虽古怪倒也有其正当性和建设性，但当现代男女动不动就对着镜子、墙壁、空气自言自语时，又透露出什么讯息？

我们姑且称它为单身症候群吧！单身的理由、单身的生活，是说久了自己都可能会相信的“白色谎言”；但“巷子内”的人会知道，单身过得好不好，孤独的魔鬼或自由的天使若曾留下蛛丝马迹，往往就躲在不自觉的细节中，尤其是独处的时候。

“Shit! 又忘了带钥匙！”这是我，通常在清早旋风般出门，一手勾着鞋后跟，一手顺便带上铁门那千钧一发的瞬间，会脱口而出咒骂自己。迷糊的次数不等，多则每天都来一回，少则每周一两次。当然，偶尔也会更换台词，譬如说：“Shit！又忘了带手机！”

我笑了出来！这是我唯一想到的，但这样算……吗？

事隔多日，到现在为止，我还不知道自己简洁有力的低声咒骂，是不是被归类为自言自语的一种。不过，我一点都不介意，反而觉得好玩，就算自言自语，也是一种纾压的方式。

每个人的生活原本就是无数细节累积出的一种状态，重点是怎么样让自己在状态没有改变时找到最舒服、最愉快的对应方式。一个人生活久了，可能期待一些声响，所以喃喃自语；

两个人相处久了，絮絮叨叨，或许需要一副耳塞。习惯单身的人，可能睡成大字形，舒畅；两个人睡惯了，或许换到再大的床也只蜷在一侧浪费一半。

我想，更加烦恼的恐怕是，屋檐下分明有另一个人，却还像是看着墙壁说话、对着空气交谈，这，又该称做什么呢？

为心筑巢

电视上播的两则新闻引起了我的注意。一位男性通缉犯即将入狱服刑，其女朋友为了表示坚定的爱意，自行买了结婚登记书带到警局，要求警察为两人结婚当公证人。这名男犯人因着暖暖的爱意，以坚决的语气告诉大家，他将来出狱后会洗心革面重新做人。另一则新闻的主角恰巧是我认识的一位女性企业家友人，这位女强人因为公司倒闭衍生出的司法案件而入狱。面对判刑，女强人在电视镜头前哭了。认识她的人心疼她，倒不是因她生意失败，而是女强人失败的婚姻，更加突显了她入狱服刑的身影是多么孤单。

成功过度依赖症

这里我想用两项调查来做对比：一是美国专家之前预测2012年有51%的成人是单身，而且单身状态即将成为主流。二是成人向往“成功论”的比率比以前更高。

现代人对成功感到焦虑，凡事要求第一。例如，吉尼斯世界记录里面有很多是亚洲人创造的，抢建世界最高建筑的风潮也在亚洲兴起，这种事事抢第一的心态，基本上是对成功的过度依赖，让人对事业成功以外的事情，例如感情、家庭等渐渐失去耐心，生活失去平衡。

人，是不是一定需要家庭呢？这个问题没有制式答案，因人而异。为什么美国调查数据显示有51%的成人流行单身，这个数字背后有许多原因，其中之一正是现代人过度崇拜事业的成功。但个人觉得经营感情的重要性并不比事业低。活着，时时感觉着有人关心关爱你，是件极幸福的事情，你病了，身旁有人倒杯热水给你，是件极温暖的事情。只有聪明的人才了解“感情”和“家人”是最最不能牺牲的。

聪明人王太

在香港半岛酒店的一楼咖啡厅里，一对男女正啜饮着卡布其诺，享受着周末午后的悠闲时光。二人年龄已不轻，但是不经意中流露出的亲昵小动作和幸福感感染了周围的人，尽管在这个名流们最经常畅饮的咖啡厅里，当天的座上宾也属星光闪闪，有好几位知名明星、贵妇不时穿梭惹人注意，但所有的光彩都还及不上这对属资深级的男女，因为他们散发出来的是岁月洗练后的纯净和幸福的真实感。

经由现场友人介绍，我和这对夫妇聊起了天，虽是初识，他们却深切地和我分享心情。女主人说："没有家人，我没有一切，财富是我和家人共同创造出来的。"

友人一旁介绍着："寒来暑往，他们已相携走过了50载，一路上二人形影不离，把企业从一个仅有十几人的小服装加工厂打造成今日员工近万人的集团企业。"1978年，女主人从广东老家到香港寻找糊口的机会，为了赚些钱，她经常熬夜，一盏灯、一针一线缝出了财富的版图。随着对海外接单，美国迪斯尼、马莎等知名公司都成了她的客户，公司迎来第一个黄金发展时期，她的成就也使得她从此被冠上“女强人”的称号。

“女强人”客气地对我说：“我喜欢大家称我一声‘王太’就好，因为‘王太’听起来有归属感，一种感情上的归属感。如果我和我先生这辈子没成夫妻，他也绝对会是我情感上很依赖的好朋友或兄弟姊妹。”

在50年的婚姻长河中，两人的默契在一颦一笑中都能被旁人感受到。我发现两人即使坐着都还是牵着对方的手，假使王太突然想不起某件事，老公就会欣然一笑，指着脑袋对太太说：“别急，都装在我这里。”

“婚姻就像一棵树，给它营养，它就会长大，为你抵挡烈日强风。”王太这样说。从创业之初到今天的成就，两人一直并肩作战，从一场场的商业谈判到应接不暇的困难，两人都是如影随形。甘苦与共的人生百味，是他们拥有的共同回忆，也是他们感情深厚的基础。

王太一边细心替老公倒上茶，一边加重语气说：“如果一个女人在事业上成功了，但失去家庭生活，我认为这种成功还是有缺憾的。当时我离乡背井出去闯，就是为了改善家庭生活，让孩子们有足够的钱受好的教育，但我坚持家人一定要在一起生活。‘家和万事兴’这句老话是千真万确的。家对我而言，就像一棵大树，有时在外打拼碰到非常恶性的竞争，心情大受影响，我就一个人安安静静地在办公室里看看家人的照片，想想他们的脸庞、回想他们的一言一语，想到这些我的心情就释然一些。”

莫让兰花失了根

我记得年轻时最喜欢读的一篇文章是由剑桥电机和哲学博士，也是香港中文大学荣誉教授陈之藩所写的“失根的兰花”。文章中写道：“在沁凉如水的夏夜中，有牛郎织女的故事，才显得星光晶亮；在群山万壑中，有竹篱茅舍，才显得诗意盎然；在晨曦的原野中，有笨拙的老牛，才显得纯朴可爱……宋末画家郑思肖画兰，连根带叶均飘于空中，人问其故，他说：‘国土沦亡，根着何处？’国，就是根，没有国的人，是没有根的草。没有根的草，不待风雨折磨，即行枯萎了……”如果换从感情的角度来看，没有归属的感情也就像失了根的兰花。虽然婚姻制被越来越多人扬弃，但心里一定要有所爱所关心的人，否则就成了人生如萍，在水上乱漂流。

现代人凡事讲究情商，也看一大堆关于情商的书，但我认为时时想想朋友的好以及感受家里的温暖，就能让人的心情平和，在职场上展现出最好的情商来。即使人在事业上闯出了一片天，但如果没有家人的祝福和支持，它也将不会是一片彩霞满天的美丽天空。在纷扰的社会里，聪明人要更清楚如何平衡事业与家庭的天平。

别让快乐跑偏

巴黎春天百货一向是许多人来到巴黎必定朝圣的景点，我对它则是又爱又恨。爱的部分是，当你看到精心打扮的人映入你眼帘时，你会想到为她们的美丽击掌喝彩；而痛恨的部分是，这里总是考验人性的物欲。我受托要帮朋友买东西，刚到了退税柜台，简直不敢相信自己的眼睛，那儿等着退税的人龙淹没了整个大厅。

小心沦为“精品难民”

“在L店你买多少？”“唉，那个D打头的没货了，害我没买上。”这样的对话此起彼落，每个人说起精品名字时，外语突然变得流利得很。由于排队人潮前胸贴后背，让我想不瞄一眼别人手上的退税单也难，光是从退税的金额往回推算其消费金额，我想除了我小小消费之外，在我身边的全是大买家。

好不容易轮到了我办退税，面对我的是一位能讲中国话的法国男人，看到他满脸倦容，我客气地问他：“今天客人这么多，你一定很累吧？”法国男人抬起头来抿着嘴苦笑。我接着问：“大部分客人都是中国人吧？”他终于开口说：“不是大部分，而是全部都是你们中国人呀。今天这场面不算什么，前两周才真可怕，我只能用‘飓风’两字来形容，我们百货的东西几乎全被你们老中给扫光了。”他忍不住问，“你们中国人是不是真的只爱精品？”

呵呵，这问题很吊诡，这个社会上充斥着不少嘴里说自己不爱精品，但身上还是得挂上几件精品的人。“喜欢精品”不必不敢说出口，拥有精品也是件美妙的事，买精品不是罪恶，但被精品“绑架”则是另一回事。

当天我办好退税时，法国男人示意要我瞄一眼大厅里另一个惊人的景象——一堆同胞瘫坐在地上，我想他们是为了退税累趴下了吧？倘若换一下场景，乍看之下真的好像来到难民营。我听到有人抱怨说：“都在这儿待了四个小时了。”这四个小时对于出国旅行来说是何等的宝贵，四个小时可以创造无限的幸福感。

歌剧院里的幸福

我真想告诉这些疯抢精品的人，可以花大钱买精品，也可以花点钱到百货公司旁有情调的餐厅，好好享受一下没有喧嚣只有宁静的浪漫，或者也可以到歌剧院，被誉为当下歌剧界名伶的Natalie Daisy（纳塔莉·黛西）对爱情的诠释是不该错过的。我花了两百欧元买了张票进了剧院，在歌剧院里看到许多温柔幸福的镜头，夫妻、情侣因为某一段音乐带来的悸动而悄悄地执起对方的手，或是很有默契地进行眼神交会。那一刻，双方交流的不仅是对于美的感动，更多的是两人生命的共同回忆，这种属于心灵的幸福感的积累可以陪着你走得很远，甚至有一天走到生命的终了。我个人的经验是我可能记不得某一项精品是哪一年买的，但会记得哪一年听了哪一场动人的音乐会，亲眼看到了哪一幅世界名画，或是哪一年在异国街头看到了什么样有意思的景象。

在歌剧院里，我注意到老外拿精品包的比例没我们亚洲人高，但我们亚洲人到了欧洲却把买精品当成最重要的事来办，一个不小心就沦为“精品难民”，忘了旅游的本质是寻找感动和幸福。

什么事可以让你说上3000回?

一位事业成功的朋友抢到了精华地段的一大块土地，随着地价的高涨，朋友的身价节节高升，大家知道后又恭喜又羡慕。但有一天这位大地主有感而发地与我分享她的心情，她说：“昨晚我先生在我耳边说我们有这块赚大钱的宝地，这是件值得高兴的事，但顶多在亲朋好友面前说个三次，再说下去的话，就是吹牛，就是往自己脸上贴金，就令人讨厌了。但如果我们能将这块地捐出来办基金会，帮助那些社会上弱势的人们，那么这件好事就值得我们在朋友面前说上个30次，甚至3000次，因为说越多次，就能号召更多人一同做好事。”

老公对老婆说：“以后你拿精品包，会显得更动人漂亮，因为你的精品包一打开，里面装载了满满的爱心。”

就这么一个念头的转变，我这位富婆朋友开始了她的慈善工程。前天碰上她，觉得她好忙，但她说：“以前我抢到精品的限量包，会很开心地跟朋友说，但说上几回就不好意思再说了，免得被呛炫富。现在买到精品包还是很开心，不过，现在觉得自己在做一件对的事，所以体会到的幸福感是前所未有的，而这种幸福是可以让我说上好几回，甚至好几千回的。”

不可搁浅的人生壮游

“有些事现在不做，一辈子都不会做了。”这个道理是一个念小学五年级的小孩对我说的。那天，小孩的父亲找我讨论职业生涯问题，看到原本乖乖守候一旁的小男孩开始躁动了，我只好赶紧逗弄他：“小朋友，你最大的希望是什么？”小孩不假思索地答道：“最想去北极看一看。”停了五秒后小男孩接着补充，“现在不去，以后就不会去了。”

话一落下，我和小男孩的父亲两人相视无语，纳闷着这样充满哲理的话怎么会是出自一个小孩的口中呢？

现在不做，一辈子都不会做了

“现在不做，一辈子都不会做了。”这也是另一位年轻人Kevin最近的感触。Kevin说他小时候家里没条件旅行，自己年纪小也不懂旅行的意义。现在家里不需他挣钱养家，于是他想借着旅行寻找人生的价值，希望在30岁之前决定自己未来想做什么。

听到现在年轻人的心声，终日为了糊口而任劳任怨的职场人可能觉得自己过得很窝囊。没错，许多老人感叹：“我都退休五年了，才想起我还有许多未完成的梦想。瞧瞧现在的年轻人多好！”

2012年充斥着“马雅末日说”，也许是人心浮动，于是调查什么是“一辈子不做会后悔的事”，结果排名第一的是：如果不去旅游，将是最令人后悔的一件事。

“出国后我才知道如何过我的人生，如何享受我的人生。”听到年轻人如此的新思潮，可能不少人会举手反对，反对的理由不外乎：将来回国后的薪资可能从底层做起；工作资历落后同侪，将对发展不利；花钱旅游还不如花钱拿学位。

但是很多年轻人主张钱以后可以再赚，工作也可以再找，但是生命只有一次，往后的几年不再会有如此的好机会或好心情了，所以有梦想就要趁早实现，就算30岁就站入年薪百万之列，但那可能是燃烧生命换来的。人不能到老时，才发现人生最重要的事不是赚钱，其实还有很多事值得去做。

壮游是一种成年礼

时下一些人开始推崇过去的壮游文化。壮游（Grand Tour）是指文艺复兴时期以后欧洲贵族子弟进行的一种旅行，最流行的路线是英法之间。壮游可以增加语言能力，学马术、舞蹈、击剑以及不可或缺的社交礼节等。壮游过的年轻人会被视为可以回到家乡担任领导职位的人。换句话说，壮游经验是个人简历中非常重要的一部分。《一次意大利之旅》一书的作者就认为壮游是一种聪明完美的旅行，相对于一些年轻的富二代只把旅游当成炫耀的话题，实属可惜呀！

几年来许多海外朋友到了台湾，总要我带她们到诚品书店感受一下书香氛围。有人说诚品书店的软硬件没什么大不了，但许多人在这家24小时开放的书店里启蒙了壮游的思想，如今诚品香港店开幕了，苏州也已落户了。在我看来，诚品也在进行一趟自己的“壮游”，带领这趟“壮游”的是年仅30多岁的副董事长——也就是董事长的千金Mercy。Mercy一口娃娃音，一度令人怀疑她能成为接班人吗？

Mercy加入团队后，几年下来这家书店将触角多方延伸，跨足海外。外人眼中，Mercy很成功，但我更觉得她把自己的壮游进行得很彻底。她说其实她父亲当年对她没什么要求，只希望她好好在国外旅行，不需担心钱的问题。但有一天她觉得自己应该承担责任，不回家会后悔，于是她决定回家。除此之外，她的事业壮游中还多了一项经验——输的感觉，有一回她对某项提案信心满满，志在必得，结果她输了。她反省时觉得自己很恐怖，恐怖的原因是她居然没把对手放在眼里，身为领导者，她很自责。此后，她时时提醒自己工作要不焦不躁。虽然身为董事长之女，但她没有因此而轻松，反而凡事先在心中默想一次输的感觉。这就是三十几岁职场女性的壮游之路。

吴季刚（著名服装设计师，美国第一夫人在就职晚会上穿的就是吴季刚设计的作品）在2012年底和知名酒店集团合作推出了一款“壮游旅行袋”，宣扬旅游的美好。这表示21世纪，壮游或旅游将被市场派大大宣扬。

凡有市场，就容易成为一种盲目的流行。

壮游是一种体验，体验应该是有感动的、有所体悟的。我认识几位满嘴说着壮游计划、不做事、工作不固定、狂买精品、满嘴ABC、没理想、爱炫耀旅行的纨绔子弟。他们不知壮游在18世纪被视为年轻人的一种成年礼。我要引用诚品书店这位年轻的副董事长的话来提醒大家：不论你不做会后悔的事是回家陪家人、回家承担责任、认真工作、认真旅游，还是认真做梦？都请不要忘了人生壮游中最重要的精神——人若无理想，你连现实也无处容身！

现代人失去的两颗心

亚洲地区一项关于幸福感的调查，发现幸福和下列条件有关，依序是：

1. 你的钱够用吗？

2. 你为金钱烦恼吗？

3. 一定要有车有房吗？

4. 有时间参与值得做的事吗？

5. 你自觉对社会有所贡献吗？满意你的人生吗？

6. 与家人亲友相处的时间够吗？

7. 工作与价值观一致吗?

8. 如果现阶段不工作，手边的积蓄够六个月吗?

八项条件中有四项基本上与金钱有关。这项调查结果很庸俗吗?其实一点也不，有钱人永远无法了解穷人的痛苦。我在年少时离家独立生活，曾经手边拮据到一周只靠一条白面包和开水过日子。穷，并不可怕，可怕的是你不认识你和钱之间的关系，以及你和钱的关系永远是矛盾的。

好好梳理你和钱的关系

我也遇到过特别富有的人说他们最奢求的三件人生大事是:吃得下饭、睡得着觉、笑得出来。想想我们寻常百姓是不是比这些富人有福多了?

社会上，有些人喜欢张扬，是因为怕别人不知道他有钱;有些人有钱不敢花，是因为怕别人知道他有钱。钱能带给你什么，完全看你和钱之间的关系是否和谐。

我注意到国内热议的“裸婚”话题近期也延烧到了美国、

加拿大、澳大利亚，让有些海外年轻人提早为了钱而焦虑，担心将来没钱结不了婚。这问题严重吗？来看看以下数据：一项男女两性调查发现，有近40%的未婚男性会因经济因素及金钱观念而不愿结婚。看到这项调查，不禁感叹原来都是钱压垮了现代男女的结婚率。

如何分辨在内地长大或海外长大的小孩，不少朋友说最简单的方法就是：海外长大的小孩有小孩样，天真、单纯。前些日子认识了位海外华人女性朋友Susié，当我获知她是靠着不固定的现金过日子（没有存款、房子、车子、股票等），我非常讶异于她的安然自得。她说："我从来不忧虑手边的钱是否足够。"不管有钱没钱，如果你和钱之间的关系是矛盾的，那么你很难快乐起来。就像有一堆人热衷追逐金钱游戏，但等到功成名就了，幸福感却离得越来越远了。

找回失落的两颗心

（一）不设防的心

人年轻时，追求的是心动；年长时，追求的是感动。有时一点小小的感动就能创造无比幸福的感受。幸福很难吗？

有则故事说：一位单身女子刚搬了家，隔壁邻居是一名寡妇带着一个小孩。一天晚上突然停了电，单身女子正在点蜡烛时，隔壁邻居的小孩来敲门问："阿姨，请问你家有蜡烛吗？"

女子心想："千万别借他们，免得一天到晚来烦我。"于是回了一句："没有！"并打算赶紧关上门，怎料穷小孩竟从兜里拿出一根蜡烛，说："我们猜你一定没有蜡烛，妈妈要我带蜡烛来给你。"女子一听为之语塞，眼眶不禁泛红。

（二）幽默的心

莎士比亚说："甜中加甜，不见其甜；乐中加乐，才是大乐！"许多成功人士透露他们成功的秘诀是天天抱持喜乐之心做事。

我有回打出租车去往香山，不巧遇到了严重塞车，按照以往的经验，通常师傅此时早就开始抱怨，但他却开始哼起歌来。好奇的我问师傅："你难道不觉得塞车很烦吗？"怎料这师傅回答说："塞车是烦，但你相信什么，就会得到什么。如果你觉得日子不顺心，那么所有的事都会让你烦；相反，如果今天你觉得是幸运的一天，那么今天所碰到的人都可能是你的贵人。就像你一样，你付我车资，还让我顺便欣赏了香山的景色，我把出车当成是在兜风，其乐无穷呀！人要懂得觉醒呀！”司机不仅幽自己一默，也和别人共乐，正所谓“愉快的性格，是成功的灵魂”。

找回最初始的感动

请你想想以下这两个句子的个中差异：

A. 工作的目的，是为了享受“更好的”生活。

B. 工作的目的，是为了“更好地”享受生活。

哪一个是你的人生目标呢？

在复杂多变、快节奏的社会里，我们的个性已不再是年少时的一张白纸，我们必须懂得拾回用单纯的眼光来看事情的乐趣。美国有个十岁的小女孩Jackie Evancho以美声征服了全球，Jackie之所以受欢迎，不光是因为她唱得好，更因为她真的喜欢唱，唱得开心，唱出大人心中最真实的感动。假设世上真有一个可以装盛幸福的袋子，我始终相信追求幸福最好的方法是换心情，换个能欣赏、能感动的心情。心情换了，盛装幸福的袋子自然不会空荡了。当你拾回一颗感动的心，你就拥有能感动、能幸福的能力，再委屈的环境，你也能从中得到自尊并自处愉快。

身旁的天使

某天我感冒身体极度不适，在医院等候看病时，遇见一位盲胞边摸索边移步往我旁边的小楼梯小心翼翼地前进，我担心这几层小楼梯会绊倒她，赶紧起身引导她坐到我旁边的座位上。待她稳步坐定时，我心中正想着该如何用言语来安慰她因视盲而导致的行动不便时，怎料她竟抢先开口说：“小姐，你来看病吗？辛苦你了，谢谢你。”

听了我一时语塞。在医院长长的走道上，此时我仿佛望见她身后那道光，明亮且温暖。一位失去视力的女孩，用平静关怀的声音填补了我遗失的力量，让人觉得身体的病痛虽然是独自承受，但即便逆着光，也都有那么一双强大翅膀护着你，带着你展翅飞行。日后当我再回到那家医院时，我都会下意识地寻找那位心中的天使。

我习惯在搭电梯时随意听听大家都在热衷讨论什么？经常听到的不外是公司又要办什么所谓的“职场竞争力”训练。据了解，眼下最受欢迎的几项训练课程分别是：

1. 执行的行动力
2. 系统性发想的能力
3. 共组跨领域合作团队
4. 寻找自己解决社会问题的价值
5. 突破自我中心，找回“同理心”

在以上几点中，个人认为“同理心“其实是目前社会最最需要建立的价值，也就是“寻找你心中的天使”。年前有家企业问我有关企业办活动的意见，我建议他们去长城捡垃圾，该主办人员以狐疑的语气问我：“捡垃圾？就这样?!”是的，这就是这些年热议的CSR（Corporate Social Responsibility），它也是一种“真实的挑战，假设的同情”。透过实际的行为重新检视自己的价值观是否扭曲；重新关怀自己身边的环境和人；重新感受自己的活力。目的是让每个人找出自己心中的天使。

有位视障律师曾在演讲中分享视障者的生活，让大家对视障者有更深刻的认识。而我在这里更想讨论的是，你的身旁或你的公司有这些天使吗?

在日本，日本民众非常希望并关切某家企业能成为百年企业。日本理化工业公司是许多日本人最值得珍惜的企业之一，五十多年前，这家公司顺应全体员工的恳求，聘用了两名身障少女。如今，这家公司员工中有五至七成是身障者。

1959年有位启聪学校的教员三度询问日本理化能否雇用该校两名智能障碍的女孩，当时的负责人很困扰，但依旧提供了实习的机会，只因老师的一句话：“请让她们体验一下，否则她们终其一生都不会懂得工作的喜悦。”那两个女孩工作的时候，脸上总是洋溢着幸福，虽然只是贴标签这样简单的工作而已。实习结束时，员工们纷纷对负责人说：“任凭谁活着都想在生活上有所贡献，就请您正式雇用她们吧，我们会帮她们忙的，当她们的后盾。”

所谓的“幸福”，一是被爱，二是爱人，三是对他人有所贡献，四是为人所需要。这后两种幸福，很多时候是必须借着工作才能够实现。该日本公司发现只要配合这两名女孩的能力调整工作，她们的成果也不输正常人。就这样，该公司继续配合雇用智障者，一转眼过了五十多个年头。50年来公司有个重大心得：“不是人力去配合程序，而是程序要配合人力。”这促使公司迈向更多新产品的开发，做各种尝试来扩大事业，而这一切的起点都是负责人当时晋用身障者开始。有人问该公司：“为什么你们的员工脸上都充满自信呢？”公司说：“因为员工们觉得自己对社会也有贡献。”

公司主管说，雇用身障者看来不简单，公司也会遭遇到不少困难，大家也都不知道该如何教起，但抱着“同理心”很多事也就没有想象中的困难。大部分人一想到要雇用身障者，好像就要为她们一辈子的幸福负责任一样，这样想会让人感到肩上的责任很沉重，其实，工作领域中有了这些伙伴，会让人很自然地发挥同理心，把人性的良善面发扬出来，连客户和我们互动的模式也变得更顺畅，客户们从开始的不理解，到最后也都支持公司的做法。说到底，这些身障的同事其实是公司的天使！大家的天使！

有位兽医曾说：“现在的动物好像都不会照顾自己的宝宝。可能是因为主人给予太好的照顾，甚至取代了照顾宝宝的角色。动物们住在笼子里或人的天地里，每天都有人喂食，日子一久他们渐渐失去养育孩子的本能。”人所谓的生存和生活，很多时候就是透过某种接口或工作或角色，为人所需要，学习价值，创造价值，分享价值。而公司正是可以提供这种机会的一个场所。所以鼓励各家企业不妨给予身障者一些机会。

对你来说，什么是意义？什么是幸福？你想要的意义和幸福或许就藏在工作里，等待你去挖掘。不论你挖掘的是有形的金子，抑或无形的快乐，当大家心中都有天使时，即使是配合公司去长城捡垃圾全身充满臭味，你所做的每件事也都是天使的行为！

多久没“改变”了？

公平贸易，用消费改变世界！这是一句正在影响着人们未来生活或工作的话。相信不少人都听过“公平贸易”(fair trade)，可能你第一个联想到的是咖啡，但是你知道其实公平贸易产品并不只有咖啡而已。它可以是一件T恤衫、一个足球、一个水果，甚至是一杯公平贸易可乐。

电视节目《我是演说家》里出现了一位被马云带到纽约证券交易所，一起为上市敲钟的快递哥小窦，这位快递哥从酒楼保安做起，当过厨师，换到快递业。几年前当他投入大家都还不看好的快递业时，自己印了几万份小名片站在小区门口见人就发，两个月之后，找他送快递的人突然倍数增长。但业绩不能满足他，他主动请求担任管理职务，结果原本业绩挂车尾的分公司在他带领下一跃成为领头羊。快递哥在节目上发豪语：将来要买辆大黄蜂，开大黄蜂来送快递。说到这里，很多人可能认为快递哥了不起的是他敢做梦，筑梦踏实。但我看到他拥有的是一般人欠缺的“改变的勇气”。他想改变自己的命运，他想改变自己的眼光，他想改变大家认为可能千年不变的窠臼。

有位老师说，不要打扰三种人：没有梦想的人；借口太多的人；没有主见的人。因为这三种人宁愿过差一点的生活或后悔终生，也不愿改变自己一点点。很多时候，“改变”是件痛苦的事情，但“不改变”是件令你将来更痛苦的事情。例如，你在赖床，他已经在和客户谈生意了。想拉近和别人的差距，关键就在于你想不想改变。哪怕只要改变一点点，就能翻转局面。快递哥如此，很多工作和事业也是如此。

公平贸易，用消费改变世界。这句话让很多人直接想到的是咖啡。很多在行业里的人也可能想，干吗弄这些乱七八糟的东西，卖东西就老老实实地卖，干啥还要搞什么公平贸易。甚至你会有这些疑惑:“公平贸易产品都比较贵。”“公平贸易会破坏市场机制!”“公平贸易真的能为受剥削的农夫们带来更好的生活吗?”大家可别小看现在一些标榜公平贸易,小量进口,小量栽种,小量生产的物品,在商品越来越讲究个人化的趋势下,这种标榜小量特殊性的产品未来将会成为营销主流。消费者会觉得购买公平贸易的产品是件很“潮”的事情,是种很环保的行为。时下一些精品设计师已经在这一点上投入许多精力,意识到自身必须加快“改变”,未来的年轻消费者缺乏耐性,缺乏忠诚度,厌烦一成不变,于是市场的主轴是“改变”。

有句俗谚:新瓶装旧酒,换汤不换药。但时下的产品必须随时能让人眼睛一亮,才可维持它的生命周期。光看那苹果手机频频升级就知道,人和产品都难耐一成不变,必须时时刻刻让人眼睛发亮。

几天前,我为了买眼药水去了一趟屈臣氏,却被好多产品给搞昏头,瞬间忘了我到底要买啥。眼前一袋袋产品有红枣阿胶,百合枸杞,绿豆薏仁,红豆山药,各种口味,令人食指大动,正想捞几个放进购物袋时,这才发现原来这些都不是甜品,而是敷面用的面膜。把原先该吃进肚子里的东西全改变成放到脸上了，这种观念上的改变就是一种市场的突击。

“给老人喝鸡精”一直是鸡精品牌的畅销品，但随着成人营养过剩，很多老人有三高，实在不敢再喝鸡精了。怎么办？唯有改变才有机会。现代父母亲舍得在孩子身上花钱，于是添加各种维他命、专为儿童调配的鸡精异军突起，销售量年年创新高，俨然是前景看好的潜力股。还有一支潜力股就是尿片了，从前婴儿是尿片的主要使用者，但日本和台湾地区成人尿片的销售额近年已经超过婴儿尿片了，这代表什么？代表业者要赶紧改变策略，传统产品要再细分出好几条新路线，才能再度贴近消费者的心，老龄化市场的消费者数量才会壮大。

上周我去商场看到最多人驻足的柜位不是卖肉，卖补品的，而是卖醋的。吃醋有益健康，为了让职场人能天天喝醋，厂商将醋这种称不上有气质的东西给摇身一变，改推精致小巧的随身包，在办公室只要拿出一个小随身包，就能进行喝醋减肥大作战。这全都是懂“改变”，肯“改变”的成果。

不论是产品或是个人，不论你的重心是在职场或是家庭，拥有一颗想改变的心，改变的动力在哪里，舞台就在哪里。

你的能力到哪里去了?

有个商家的小测验挺有意思的。测验主题是："你的青春都到哪里去了呢?"

【题目】如果可以让你有一种超能力，你最希望拥有以下哪一种?

A. 穿越时光术

B. 青春不老术

C. 隐形透明术

D. 神秘读心术

测试结果揭晓：

A. 你的时间都浪费在发呆、胡思乱想、做白日梦。这类人个性很被动，想法天马行空，都只限于想而不实际行动，青春就这样浪费掉了！

B. 你的时间都浪费在逛街、照镜子、保养身材。这类人非常自恋，认为自己真的就是这么的美丽，非常在意外表。这类型人占蛮多数的。

C. 你的时间都浪费在工作上面。这类人内向，不喜欢跟人有实际的接触，工作认真，做事谨慎，不喜欢成为注目的焦点。这类人的生活能力远不及工作能力。

D. 你的时间都浪费在酒吧、讲电话、发微信上。这类人好奇心强，常常跟朋友闲聊，青春也在这样悄悄然地浪费掉。

这个测试谈的是“青春”，“青春”是每个人都有的一种“能力指标”，它包括了：基本能力、品格内力、专业能力、自主动力。

善待青春与发展能力是互为关联的。你现在如何消费你的青春，就可窥出你如何发展你的“能力”。我要和大家分享的是，你的“能力”到哪里去了？

因惰性甘于平凡

几年前，台湾作家张大春收到一名学生的电子邮件，要他提供个人资料，以完成自己的作业报告，理由是“因为网络数据太少，导致作业无法顺利完成”。这事把作家给气坏了，公众也觉得这名学生拜谷歌为师的行径太过分。日本某大学为大一新生开了一门必修课——“学术技巧”，就是老师指导学生如何记笔记、做报告，教一教新生怎么当个大学生。我的一位教授同业说，曾经有学生上课只带个价值不菲的精品包，上课不记笔记，作业就是上网随便搜搜。因此有人称这个时代的学生是“百度孩子”或“谷歌孩子”。

研究社会学的人说，这个时代下的人存在普遍缺乏自信，时有恐惧的现象。

事实上，大部分的“恐惧”与“懒惰”有关，例如，懒得参与，懒得学习，懒得动手，懒得爱自己，懒得爱别人，懒得适应新环境。这些“懒“加总起来就形塑了一个人未来的职业、职能、能力，最终导致对自我没信心。

经常听人说“没有一代人的青春是容易的”。而我要说的则是:“没有一代人的职场是容易的。”我们这代职场人在工作上拼命地追，妄图积累些什么，留下些什么，在经历过无数挫折后，有人无感且固执地继续用老方法工作，有人则体会到“追求实现”对于一个人的重要性。

明代旅行家徐霞客年少立志旅行，风餐露宿，写出千古奇书《徐霞客游记》。他有理想并去实现它，不论结果如何，他都训练出自己的“自主动力”，慢慢形成能力指标。有自主动力不一定会成功，但没有它肯定离成功很远!

老年人的能力指标

我们常说职场成功需具备优秀的时间管理能力，良好的沟通能力，非凡的团队合作能力和其他能力。“其他能力”这项被摆在最后经常被忽视，我认为它反而是最重要的，因为这一项包含了一个人很多的能力和责任。

有位经营旅馆业的朋友说，旅馆最近出现不少单身老人来入住。一开始很讶异，为何针对年轻人设计的胶囊旅馆会吸引老人家入住呢？了解后才知老人家是从外地独自到城市来看望儿孙。虽然儿子家里有足够空间，但是老人不想打搅孩子的生活，但又舍不得花大钱住三星或五星级酒店，于是拉着简单的行李住进了经济实惠的胶囊旅馆，虽然空间小但享受一个人的自在。这些年长者不向晚辈追讨多年的亲情养育之恩，他们认为教养子女是义务责任，当孩子独立之后，不期望不追讨日后子女的回馈，长辈自己必须坚强勇敢地走过晚年这一程。

我认识一位独自住在美国中部的阿姨，她前几年失去结褵数十年的丈夫，两个孩子住在不同州，距离虽远，都邀请她搬去同住方便照顾，虽然儿媳们都热情邀请，可是婆婆婉谢，半个月之后她搬进了民间的养老院。东方人认为西方人不亲自抚养老迈父母，让他们住进养老院终老，是种不孝的行为，这不尽正确。其实，很多年长的人都着手预备自己的晚年。

老人家能从容安心地安排自己的老年生活，代表这一代老人的综合生活能力比许多年轻人强多了。“强”未必指老人的荷包比我们丰厚，强的是他们对生活的弹性和重视值得我们敬仰。他们不仅能对自己负责，还有能力爱护下一代。哪儿像现在一些人当学生不像学生，当职员不像职员，还成天热议着上什么EMBA，学什么“专业表达能力，独立思考能力”？我们不妨回头看看身旁这些老人家的生活能力，他们深藏不露的基本能力，品格内力，专业能力，自主动力，这些综合起来不就是职场人天天喊着要追求的“整合能力”吗？职场生死学就是一种艺术，艺术就从生活中学！

走出惯性藩篱

我曾碰到一位职场人请教我一个看似不大不小的问题：我觉得我是个行动之前会想很多的人，但凡是别人告诉我要改的、要做的或该做的时候，我总坚持己见，好友们都嫌我固执得可怕；同事和上司都数落我做事陷入窠臼——“以为不值得的事就不做”。我很害怕自己这样下去会危及前途。

是的，这个世界变化得太快，一个人依惯性做事，是件危险的事。

鸟笼效应

有个“鸟笼效应”这样说：如果你们家有只空鸟笼，客人到你家看见了，一定问以下几个问题：“鸟呢？”“飞走了？”“是不是死了？”“怎么不再买一只？”不养鸟挂个鸟笼干什么？”我很庆幸自己不是惯性思维的人，我多年前在欧洲跳蚤市场上看到了一只有气质的鸟笼，将它买下并且手提上飞机。同行的人都这样问：“你要养鸟呀？”我答说：“不是，是要在里头摆上绿色植栽或艺术品。”结果引来笑声：“不养鸟，你买个鸟笼做啥？”

“鸟笼逻辑”往往引导大家当一名睁眼的瞎子，跟着大众文化盲从。

再如家长常会跟女儿说：“做得好，不如嫁得好。”于是很多女性即使高学历也无心职场奋斗。甚至，惯性认为女性再怎么努力也打不破职场的玻璃天花板。

注意当你常说“我比较容易……”，“我比较喜欢……”，“我不爱……”，那就代表着你可能沉溺在惯性中。人总有懒的时候，懒得动，懒得动脑筋，于是就拿惯性思维来过日子。惯性会让一个人变得固执、主观、不开窍、不可理喻、不好亲近、不接触新事物甚至阻碍别人，以上这些特性都是职场上最最忌讳的。

例如，当同事提了一个点子时，经常觉得很多事不值得做的人可能第一个想法就是“它不值得做”、“它成功的机会不大”、“它不是个好作法，这样做有几种麻烦”。一位老板曾说他不怕员工笨，最怕员工惯性固执，他的理由是：很难在惯性固执的人身上挖掘出潜力。

防止养成“一点都不值得做”的毛病

有位老总认为，做事业最重要的是他不会把事情做得很圆满，一定会留个缺口给下属去填满它。防止下属养成“多一事不如少一事”或“不值得做”的习惯。如果员工从事的是一份自认为不值得做的事情，工作时就会冷嘲热讽，敷衍了事。老总还举了一个例子：去年他跟下属说让员工在内部训练时加个小游戏，玩蒙眼做菜。起初下属不懂其中奥妙，直到听完老总说了一个这样的故事：国外一项烹饪比赛竟然是被一位盲胞给拿下冠军宝座。她虽然看不见，但她打破正常人的惯性，举凡盐糖等小料大料，她全是先抓进嘴里尝，用心闻味，发挥视觉之外的其他感官来告诉她如何调味。

老总随后展开小幅度的调动员工分组，目的是为了扫除“觉得一点都不值得做”的弊病。他的做法是：让积极的员工担任与能力相当的职务；把消极的人规划到某个团体中与其他成员共同工作。调动员工们觉得自己所做的工作都是值得的，一方面肯定员工，一方面让每位员工感受到这是一家有前途的公司。

孔子很早就对惯性和固执下过警语，子曰：德之不修，学之不讲，闻义不能徙，不善不能改，是吾忧也。惯性思维下，会造成以下结果：

德之不修——固执己见，不知痛加培养。

学之不讲——固执所学，不肯共学讲习。

闻义不能徙——固执惯性，不愿信从好道理。

不善不能改——固执恶习，不能勇于改过。

孔子说以上这四大惯性固执，会锁住人的心，就算美玉也会变顽石。

英国一项调查给了资深者很大的鼓舞：人的中年始于55岁，比大家刻板印象中的中年年龄要晚很多。即使是69岁零277天还算是中年。

当我对这项调查感到兴奋时，身旁一位专家泼我冷水说：不是每个人都能这样的，除非你懂得改变惯性！是的，心境比年龄还重要。一位朋友去年在50岁跳槽之后，身心明显变年轻。他说在政府单位里干了二十几年，平时是人家来求他，现在他转到民间，改成凡事要求人，以前觉得不必做的小事，现在都觉得值得做做看。虽然刚开始不适应，但改变惯性让他心态上觉得有挑战，他认为一个人只要能放下惯性，一切便皆有可能。